本书得到了以王士君教授为负责人的国家自然科学基金重点项目“东北振兴空间过程及综合效应研究”（项目批准号：41630749）和以刘明菊为负责人的国家自然科学基金青年项目“吉林省长白山自然保护区旅游环境承载力研究”（项目批准号：41401146）的资助

本书得到吉林财经大学出版资助

长白山北景区
旅游环境承载力研究

刘明菊　王士君　著

中国社会科学出版社

图书在版编目(CIP)数据

长白山北景区旅游环境承载力研究／刘明菊，王士君著．—北京：中国社会科学出版社，2020.11

ISBN 978-7-5203-7198-8

Ⅰ.①长…　Ⅱ.①刘…②王…　Ⅲ.①长白山—旅游区—旅游环境—环境承载力—研究　Ⅳ.①X21②F592.734

中国版本图书馆 CIP 数据核字(2020)第 175325 号

出 版 人　赵剑英
责任编辑　李庆红
责任校对　季　静
责任印制　王　超

出　　版　中国社会科学出版社
社　　址　北京鼓楼西大街甲 158 号
邮　　编　100720
网　　址　http：//www.csspw.cn
发 行 部　010-84083685
门 市 部　010-84029450
经　　销　新华书店及其他书店

印　　刷　北京君升印刷有限公司
装　　订　廊坊市广阳区广增装订厂
版　　次　2020 年 11 月第 1 版
印　　次　2020 年 11 月第 1 次印刷

开　　本　710×1000　1/16
印　　张　11.25
插　　页　2
字　　数　181 千字
定　　价　59.00 元

前　言

随着国民经济的快速发展和人民生活水平的提高，目前旅游业已经成为世界上发展最迅速的产业之一。旅游业的快速发展带动了区域经济整体水平提升的同时，也对生态环境造成了不同程度的破坏，游客及居民的满意度降低等问题，严重影响了旅游地的可持续发展。2013 年颁布的《中华人民共和国旅游法》中明确提到了旅游景区需要合理控制游客数量，尽可能控制在景区游客承载量范围内。因此，旅游景区的环境承载力受到越来越多的重视和关注。

长白山地处中朝交界，集独特、神奇、秀美、壮观等“大美”之旅游元素于一体，长白山北景区是长白山整体旅游资源及旅游产业发展中的重要组成部分，在开发和管理工作中暴露出一些与可持续发展目标不相协调的问题。如何才能实现环境效益、经济效益和社会效益三者的统一，是长白山旅游业面临的一个重要的课题。如何利用该景区旅游资源特点，提高旅游资源利用效率，实现经济、环境、社会三者协调发展，是景区管理者现阶段亟待解决的问题。

本书从旅游环境承载力的内涵与特性入手，利用旅游系统论、可持续发展理论、生态脆弱性理论、旅游生命周期理论等，从“供给—需求”双重维度，通过问卷调查法和专家咨询法，构建长白山北景区旅游环境承载力指标体系，对长白山北景区旅游环境承载力进行研究，探索其瓶颈问题，提出具有可操作性的对策体系，旨在为长白山景区的可持续发展提供有效的理论和技术支撑。

本书共分为七章，主要研究内容如下：

第一章从研究背景出发，梳理了国内外研究现状，分析现有研究中的不足及需要进一步研究的问题，确定研究思路、研究目标和研究内容。

第二章界定了旅游环境承载力概念，探讨旅游环境承载力的构成体系与特征，在此基础上，对旅游环境承载力的相关理论，如可持续发展理论、人地关系理论、生态脆弱性理论、旅游系统理论、旅游生命周期理论和旅游城镇化理论进行总结和梳理，分析了各个理论对旅游环境承载力的意义，旨在为下一步研究奠定理论基础。

第三章对长白山北景区旅游环境现状进行分析，从景区的自然环境承载、旅游经济环境、管理体制和旅游城镇化建设四个方面探讨了长白山北景区旅游环境中存在问题。

第四章构建长白山北景区旅游环境承载力评价体系。首先，从旅游环境承载力的内涵与特性入手，利用旅游系统论、可持续发展、生态脆弱性理论、旅游生命周期理论等，从“供给—需求”双重维度，通过问卷调查法和专家咨询法，从生态环境承载力、经济环境承载力、社会环境承载力和心理环境承载力四个方面，提取 20 个指标构成长白山北景区旅游环境承载力评价指标体系。其次，利用 yaahp 软件确定权重并进行一致性检验，经计算得出经济环境承载力的权重是 0. 3458，生态环境承载力的权重是 0. 4884，社会环境承载力的权重是 0. 1169，心理承载力的权重是 0. 0489。最后，根据已有国内外研究成果，通过专家咨询等方法，综合考虑，确定评价标准，并设计评价流程。

第五章对长白山北景区旅游环境承载力进行评估。在生态环境承载力、经济承载力、社会承载力和心理承载力四个层面单项承载力评估基础上，分析长白山北景区旅游环境综合承载力。在经济环境承载力中对旅游产业贡献率、旅游产出投入比、交通运载能力、供水能力、住宿接待能力、餐饮接待能力、生活污水处理率七个方面进行分析确定指标赋值；在生态环境承载力的研究中将森林覆盖率、生物多样性指数、旅游气候舒适期、水体水质达标率、空气污染指数、噪声污染指数六个方面进行指标赋值；在社会环境承载力的研究中将游居指数、当地居民环保意识、地域文化独特性三个方面进行分析确定指标赋值；从心理承载力角度对游客对景区拥挤度的评价、游客对景区满意度的评价、游客投诉率三个方面进行分析和指标赋值。

在对长白山北景区旅游环境承载力的评分与评价中将20个指标在北景区的旅游淡季和旺季分别进行加权赋值，以此来探讨每一子项目影响因素的承载力情况是否达到我们关注的程度，并最终形成北景区的综合承载力。通过测算得知，旅游淡季长白山北景区经济环境承载力为0.1968，生态环境承载力为0.2578，社会环境承载力为0.0829，心理承载力为0.266，综合承载力为0.5568，处于适载状态，旅游区处于可持续状态。旅游旺季长白山北景区经济环境承载力为0.2228，生态环境承载力为0.2578，社会环境承载力为0.0829，心理承载力为0.0399，综合承载力为0.6034，处于亚超载状态。

第六章提出长白山北景区可持续发展对策建议。结合前几章的研究结果，对未来长白山北景区旅游可持续发展提出对策，并建议从制定长白山生态环境保护规划，严格设定限制建设区域，加强公共服务设施建设，加强北景区旅游服务要素薄弱环节建设，主打生态旅游品牌、构建“大长白山”的规划理念，以“五位一体”为目标提高景区管理水平，加快旅游小镇的建设步伐等方面来提高长白山北景区旅游环境承载能力。

第七章归纳本书的研究结论和创新特色，指出了不足和后续研究展望。

目　　录

第一章

绪　　论

第一节　研究背景与问题提出

一　旅游大发展的同时旅游资源遭到破坏，生态环境保护不容忽视

随着社会的发展和人们生活水平的提高，人类开始对生存环境予以更多关注，在加强生态环境保护的过程中，人们更加注重与大自然的亲密接触，在这一条件下，产生了生态旅游。生态旅游引起了全球的高度关注，也成为旅游市场发展速度较快的旅游产品，但由于生态资源的不合理利用，尤其是一些景区的自然资源浪费严重以及乱开发的问题，导致景区的生态资源和生物多样性遭到破坏，甚至对生态系统产生很大影响。因此，如何利用好生态资源，提高生态资源利用效率，并与自然资源相结合来提高资源的利用价值成为现阶段生态旅游资源发展过程中面临的主要问题，也是国家需要重视的问题。

二　旅游景区环境超负荷成为常态，开展旅游环境承载力研究刻不容缓

我国的自然保护区数量众多，自然资源丰富，为生态旅游业的发展提供了支持。一些生态风景区的游客数量较多，虽然能够为该地区创造更大的经济效益，但如果超出环境承载力，则会导致旅游环境遭受严重破坏，这种以牺牲环境为代价实现经济发展的方式会对旅游地发展造成很大影响。在 2013 年颁布的《中华人民共和国旅游法》第四十五条中

规定：景区接待旅游者不得超过景区管理部门核定的最大承载量。随着对可持续发展理论研究的进一步深入，人们对旅游业发展达成共识，旅游业发展具有积极影响和消极影响。目前学术界对旅游业发展这一问题的研究，进入旅游环境承载力的理论研究阶段，并逐步将其应用到实践过程中。

旅游环境承载力主要表示旅游景区旅游活动所能承受的最大值，也是指旅游景区在特定发展时间段，其旅游系统能够承载的最大游客数量。按照旅游环境可将这一指标划分为以下几个组成部分：旅游区自然环境主要包括环境生态与游客承载量；工程物质环境主要指经济承载量；与社会文化相对应的是居民心理承载量。将这些指标分量值与弹性程度系数相乘，选择最小值确定该旅游景区的综合环境承载力，并且要将旅游环境承载力和区域实际情况相结合。

三　长白山自然保护区生态系统脆弱，开展旅游环境承载力研究迫在眉睫

长白山自然保护区是吉林省旅游的主打品牌，在带动吉林省旅游经济快速发展的同时，生态环境保护问题也凸显出来。该景区生态系统脆弱，无法进行自我恢复，一旦遭受破坏，将无法恢复。因此，对长白山自然保护区采取科学的管理方式，加快生态旅游业发展尤为迫切和必要。将生态环境承载力有关理论作为参考依据，不断扩大生态旅游开发力度，不仅能够支持长白山自然环境保护区的旅游业发展，也有利于建立良好的自然保护区发展体系。在这一条件下，分析该景区的生态旅游环境承载力，具有重要的理论意义和实践价值。

第二节　国内外相关研究综述

一　国外相关研究综述

在旅游环境承载力没有被正式提出之前，学者们一直使用旅游环境容量这一概念。1963 年拉佩芝（Lapage）首次提出了“旅游环境容量”，他认为在特定的发展时间内景区游客接待人数具有阈值，只有严

格控制好游客数量，才能保护好生态环境，满足游客的观光需求。随后 F. Lawson、Lime 和 Stankey 等人对旅游容量进行了深入研究，认为旅游环境容量是某一旅游地在一定时间内能够提供给游客一定质量并供旅游者使用且不破坏环境的利用强度。Wall 和 Wright 在其著作《户外休闲的环境影响》中提出了自己观点，认为旅游环境容量是某一地区资源承载力阈值范围内的旅游活动，主要包括大气、水体、土壤、植被、野生动物等研究指标。Mieczkowski 认为旅游环境容量包括两部分，即自然容量与社会容量，前者反映在物质与生态两个指标上，后者包括社会容量、心理容量、感知容量以及社会心理容量。

从 20 世纪 70 年代开始，学术界开始重视旅游环境承载力的研究。美国学者 Wagar 在其学术专著《荒野地休闲的承载能力》当中明确强调了旅游环境承载力这一概念的重要性，他提出旅游环境承载力是一个旅游景区的旅游产品能够长期保持较好品质所能容纳的游客数量。Mathieson 和 Wall 在《旅游业的经济、自然和社会影响》一书中将这一概念解释为"在保证自然环境可承受的范围内、满足游客体验的基础上，景区游客接待人数的最大值"。WTO/UNEP《国家公园发展和保护区旅游的指南》将其定义为"一个旅游地在对资源和环境产生很少影响的同时能提供给游客高质量旅游体验时的游客数量或者游客密度"。McIntyre 认为"在资源没有产生负面影响，游客满意度没有下降，对该地区的社会经济不构成威胁的情况下，对该地区的最大使用水平"。Coccossis 和 Parpairis 将旅游环境承载力定义为"一个旅游区域一年内可以提供的单位使用时段内的使用者数目，这个数目不会对该区域支持游憩和旅游的能力带来永久的自然物理破坏，也不会对游客的游憩质量带来可察觉的损坏"。Papageorgiou 和 Brotherton 认为旅游环境承载力是一个地区或一个生态系统在生态价值承受范围内的最大游憩水平，用数量或活动来表示。Manning 和 Lawson 将其概括为"不产生不可接受的资源和社会影响下可以容纳的不同旅游使用方式的量"。Manning 认为，"公园或旅游地的相关指标变量在不违背指标标准的前提下，所能容纳的游憩水平和类型"。O'Reilly 从多个方面分析旅游环境承载力，他认为旅游承载力是旅游目的地在受到旅游不良影响之前的吸引力，并且是游客数量下降之前的水平。

(一) 旅游环境承载力量化方法研究

随着旅游环境承载力的研究进入到全新发展阶段，人们开始研究如何测算旅游环境承载力。A. Fullerton 和 A. Crawford 初步利用数学公式测算出旅游环境承载力，但是他们的数学公式只是单纯地研究了旅游环境承载力和几个重要的变量之间的关系，没有算出具体的数值。Seidl 和 Tisdell 认为只有在人类行为与生态环境变化缓慢时，或者只有在相对稳定的系统中承载力才能被准确预测。

21 世纪以后，对旅游环境承载力的研究在量化方法上有了突破性进展，学者们通过建立数学模型对公园和海岛等旅游地进行旅游承载力的测算，Saveriades 和 Steven Lawson 分别以塞浦路斯公园和亚克斯国际公园为例，建立数学模型研究这一问题，为公园的环境保护提供了科学依据，Tony Prato 通过建立 AEM 和 MASTEC 数学模型，来准确测算美国国家公园的旅游环境承载力，为改善旅游环境提出对策。2004 年 Simon 等人以英国的伯恩茅斯海岸为例，对其旅游产业的承载能力做出具体分析。

(二) 实证研究

国外针对环境承载力这一问题进行了实证研究，从 20 世纪 80 年代开始到现在从未间断。Lindsay 对美国国家公园、AlexisSaveriades 对塞浦路斯东海岸、Halloetal 对阿卡迪亚国家公园、Kazanskaya 对莫斯科国家公园开展了系统研究，Kampeng Lei、Zhishi Wang 以澳门为例对旅游环境承载力进行分析，Kerstetter 等以 Yasawa 岛为例、Ulrich Gunter 以中北美洲和加勒比地区为例探讨了旅游环境承载力和社会经济关联，并提出要想提高景区生态环境承载力，就需要保持经济良好的发展趋势，虽然承载力测量方法和量化模型不同，但是都为旅游规划提供了依据。

(三) 国外研究评述

通过上述文献回顾可以看出，国外关于旅游环境承载力的研究从旅游环境容量开始，概念的界定和定性研究是学者们讨论的焦点。由于学者们的研究重点和学科背景不同，研究的方向存在较大的差异，对概念的界定存在争论，但是有一点相同，认为旅游环境承载力是自然环境没有被破坏并且游客的满意度没有下降时旅游地所能接待的最大游客量。在量化方法研究上由单一的测定某一旅游地的旅游资源、社会环境、经济承载力向旅游环境承载力的综合测算模型转变，但是量化测算模型只是局限于某一旅游地，以某一旅游地为实证进行研究，而不是某一类别的旅游地，测算的旅游量化方法上没有达成统一认可的测算模型。另外，由于西方国家的经济发展水平较高，旅游服务设施非常完善，面临的问题没有我国复杂，对我国研究旅游环境承载力借鉴意义和作用具有较大局限性。

二　国内相关研究综述

（一）概念的界定

自20世纪80年代开始，国内研究学者就开始分析旅游环境承载力这一问题。赵红红分析了苏州园林现阶段的发展状况，并明确了这一概念是指特定的风景区和风景城市在特定发展时间内包含的游客阈值。张文奎认为这一概念主要是指特定的发展时间或具体的条件下，某国以及地区旅游资源在保护旅游结构完整的基础上，对人类活动的影响。保继刚对这一概念的定义为，在不破坏景区生态环境的基础上，景区游客承载力最大值。李时蓓和张菁认为旅游环境容量是指在特定的自然环境承载力范围内容纳的游客数量。

20世纪90年代中期，随着研究的深入，国内学者开始专注于旅游环境承载力的评价指标体系的研究。向萍和杜江认为旅游容量主要指狭义层面与广义层面上的区别，狭义旅游容量主要指物质、环境、心理容量，广义的旅游容量不仅包括以上内容，还包括旅游景区环境承载力，土地承载力、劳动力承载力、基础设施承载力，等等。崔凤军认为，在特定旅游景区发展环境和组织结构不变的基础上，不损害后代人需求和满足当代人需求的条件下，保持在居民心理承受力范围内，旅游景区活动承受的强度，称为旅游环境承载力。他将旅游环境承载力作为一个整体概念做具体分析，明确提出这一概念并非仅仅包括空间承载力，而是指环境、心理、经济承载力，并且指出旅游承载力指数是旅游业是否可持续发展的重要依据。刘玲从多个角度分析了旅游环境承载力的主要影响要素，并确定出具体研究指标；李庆龙认为旅游承载力（又称旅游容量）可定义为：在某一时期，在一定的生产力水平及与此相适应的生活条件下，各国旅游资源在保证其组织结构的基础上，人类旅游活动承载力的范围。旅游承载力由生态承载力、服务承载力、社会承载力构成。

随着生态旅游业发展速度不断加快，生态旅游环境容量的概念随之出现，孙道玮等将长春的净月潭国家森林公园作为研究对象，分析其旅游承载力这一指标，明确了旅游承载力这一概念的重要性。文传浩根据自然保护区实际发展情况，建立了完善的生态旅游环境承载力综合指标体系。杨琪在研究旅游目的地的过程中，首先明确了生态旅游景区环境承载容量这一概念。

（二）旅游环境承载力量化方法研究

20 世纪 80 年代，国内研究学者分析了旅游环境承载力这一问题，并将模糊线性规划、生态足迹法相结合分析某一地区旅游环境承载力，并确定具体的环境承载力所包含的具体指标等问题。肖忠东和赵西萍运用模糊线性规划模型对旅游环境承载力进行探讨，为确定适宜旅游承载力规模提供模糊决策工具；崔凤军建立了基于环境承载力基础上的计量模型，并将泰山作为研究对象，对其进行案例研究；胡炳清以生态学理论为基础，明确了旅游环境容量限制性因子和最低量定律，并建立了数学研究模型，提出了游客量的具体评估方法；刘玲通过分析旅游环境系统实际情况，将旅游环境承载力做明确划分，主要指环境、目的地承载力等，并确定具体的评价指标，用乘积矩阵矢量长度法明确各个指标权重，最后建立定量评估模型做具体分析；李春茂将经验量测法、理论推测等多种研究方法相结合，提出了生态旅游环境承载力、自然资源、旅游环境承载力的量测公式，确定生态旅游环境容量的阈值范围或者最适容量。戴学军运用环境科学的理论分析景区环境承载力这一问题，并对其进行量化，在研究过程中，额外分析环境背景值、基线值的实际情况，尤其是各环境因子的关联性，风险评估、旅游资源利用的帕累托最适度分析，确定各个阶段环境容量，最后制定旅游规划，从而明确最佳的环境容量应是帕累托最适环境容量，这也是实现旅游可持续发展的基础；杨林泉等运用模糊线性规划测度模型分析云南省丽江云杉坪景区的合理环境承载力及合理的资源配置；全华运用水桶法分析景区环境承载力；董巍将 AHP 法与 Delphi 法结合确定评估指标权重，最后确定综合生态旅游承载力；王辉等将国内多个地区旅游环境承载力作为研究对象，建立旅游者生态足迹模型做具体分析，大多数旅游景区旅游生态发展存在很多问题，仅仅剩下3个地区处于生态盈余；李江天通过分析生态旅游区的生态环境供给，建立了基于生态足迹的环境承载力评估模型；赵建强对传统旅游生态足迹模型进行简化，构建出改进型旅游生态足迹模型；章锦河等以九寨沟作为研究对象，建立生态自然保护区研究模型。刘益对传统的旅游容量测算公式进行了修订，并对其适用范围和实践应用时应该注意的问题进行了探讨；张颖等依据生态足迹成分法的理论、方法，计算了北京鹫峰国家森林公园旅游生态足迹，鹫峰国家森林公园旅游处于生态盈余和生态安全的状态，研究建议应将生态赤字较大的森林公园客流量调节到处于生态盈余的森林公园去，并加强对森林公园开发的管理，提高森林游憩资源利用效率，提升旅游者的环保意识，以促进森林公园旅游的可持续发展；贾志涛和曾繁英通过构建兼顾自然生态环境、社会心理、经济环境承载力的环境承载力评价指标体系，运用改进的层次分析模型，对景区旅游环境承载力做准确评价；陈严武建立了完善的环境承载力系统、保证旅游市场供需的平衡，他建立的崇左市旅游生态环境承载力评价指标体系，利用熵值法确定指标权重，并结合模糊综合评价模型对崇左市旅游生态环境承载力进行评价。

（三）实证研究

20世纪80年代末，国内研究者开始采取实证研究的方式分析环境承载力这一问题。保继刚将颐和园作为研究对象，冯孝琪将骊山风景区作为研究对象，吴承照对黄山风景区的环境承载力的调查等；尹新哲等对重庆黄水国家森林公园进行了研究，李艳娜等对九寨沟旅游环境承载力定量分析；龙良碧以万盛风景区为研究区域，从风景区的旅游承受能力出发，对旅游环境容量、旅游生态容量、旅游空间容量和旅游生活环境容量进行了定量分析，指出了存在的问题，提出了使旅游合理环境容量与实际旅游容量达到基本平衡的对策；孙玉军对海南五指山生态旅游景区环境承载力进行了研究；杜忠潮对陕西金丝峡国家森林公园进行了研究；李文博等对珠穆朗玛峰景区构建了一套旅游环境承载力评价指标体系；吕霞霞等以崆峒山风景区为例进行了研究；汤晓雷等以武汉市东湖风景区为例，建立旅游环境容量指标体系，研究相关环境容量计算方法，最终得出各景区不同水质环境下的旅游环境承载率，并提出采取点源截污面源污染控制和生态修复等措施；周庆等以原始部落翁丁古寨为例，对旅游环境容量极限开展研究和分析，并提出调控对策；黄元豪等以九鹏溪风景区为研究对象，借助系统动力学理论，对承载力系统进行仿真模拟并检验其有效性，为风景区的可持续发展提出了优化策略；林祖锐等以国家级历史文化名村小河村为研究对象，对古村落旅游容量模型进行实证分析，经过分析与测算，小河村的承载力状况处于一般弱载状态，并针对小河村旅游容量状况提出相应的优化调控策略。

（四）国内研究评述

根据研究进程可以了解到，旅游环境承载力的发展主要包括以下几个阶段：从概念来看，经历了旅游、环境、生态承载力变化过程。现阶段，旅游环境承载力的基础理论并未明确这一概念的具体含义。这一概念的研究方法超过 100 种，旅游环境容量、环境、承载力等概念组在使用过程中仍然存在很多问题，这表明对生态旅游、环境承载力的认识仍然存在很多不足，也影响了学者们对这一问题的研究。

对旅游环境承载力的研究方法主要包括最低量定律即水桶原理，确定生态旅游环境承载力评价体系当中因子权重，最小的评价因子才是决定生态旅游环境承载力的关键，这一因子指该区域的生态旅游环境承载力，但这种研究方法存在很大的局限性，根本原因在于其并未考虑各个评价因子的变化，且这些因素的影响力也存在很大差异。一些评价因子仅仅发生一些微小变化就会导致旅游区环境承载力受到很大影响，而其他的评价因子的变化并不会严重影响生态旅游环境承载力。有的学者以数学模型来分析因子权重，明确各个评价因子综合评分，得出各个因子分值，最后计算得出旅游区的生态旅游环境承载力。这种研究模型存在一定的不足，得出的承载力值存在一定的偏差，如生态足迹法、状态空间法、模型预估法、供需平衡法等。评价体系在不断完善，由旅游区环境承载力向旅游资源、旅游区、社会经济承载力转变。而评价分量指标的构成由于旅游者、旅游发展阶段存在很大差异，尤其是山岳型旅游区生态环境承载力注重植被覆盖率和植物种类及多样性；海滨旅游区注重气候条件与地质地貌；生态型旅游区注重植被数量等。

国内旅游环境学家对这一指标的研究取得大量成果，但对于综合评价模型的研究很少，主要还是以单因子承载力计算模型为主，所以还有进一步讨论研究的必要。

三　国内外相关研究的理论总结

根据以上分析，可以了解到国内外对旅游环境承载力这一问题做了具体研究，并取得大量研究成果，对研究旅游环境承载力具有借鉴意义，但随着中国旅游业的快速发展，也出现了各种问题亟待解决。

第一，概念认识不够全面。旅游环境容量、承载力等概念使用不够具体。

第二，对量化旅游环境承载力模型具体指标研究存在很多不足，并未建立完善的定性指标量化体系，无法反映出系统可持续发展。

第三，旅游环境承载力理论无法为实践提供重要指导。各个类型旅游景区由于地理环境的差异，以及承载力的影响等，即使是旅游景区类型相同，管理目标、市场发展环境也会影响旅游环境承载力，由此看来，在理论层面能够得到充分应用的量测模型在实际应用过程中并不能保证其效果。

第四，旅游环境承载力的估算模型不完善。现阶段，大部分估算模型主要是指将静态定性、定量两种分析方法相结合。无法为实践提供重要指导，缺乏对环境承载力这一问题研究的综合模型。

从整个国内外的研究状况来看，由于旅游环境承载力受供给与需求双重因素影响，而且不同类型旅游环境承载力评价指标和评价方法也不同，仍需要进行深入研究，尤其是生态脆弱地区，研究旅游环境承载力更有其现实意义。因此，笔者对长白山北景区旅游环境承载力的研究。从旅游环境承载力的内涵与特性入手，利用旅游系统论、可持续发展、生态脆弱性理论、旅游生命周期等理论，从“供给—需求”双重维度，构建长白山北景区旅游环境承载力指标体系。从供给上，旅游环境承载基体由“生态—经济—社会”复合系统组成；从需求上，旅游承载客体主要体现在旅游者的心理感知。因此，从生态环境承载力、经济环境承载力、社会环境承载力和心理环境承载力四个方面，通过问卷调查法和专家咨询法，构建旅游环境承载力指标体系，对长白山北景区旅游环境承载力进行研究，并基于此，探索其瓶颈问题的合理解决途径。旨在将生态环境保护与旅游开发相结合，将景区的经济效益、生态效益、社会效益相统一，保证景区的自然资源得到合理开发，并将游客流量控制在景区游客承载量范围内，实现景区旅游业的可持续发展。

第三节　研究目标与研究意义

一　研究目标

（一）理论突破

本研究从旅游环境承载力的内涵与特性入手，利用旅游系统论、可持续发展、生态脆弱性理论、旅游生命周期等理论，从“供给—需求”双重维度，通过问卷调查法和专家咨询法，构建长白山北景区旅游环境承载力指标体系，避免从供给或需求单一维度构建评价指标体系的不系统、不科学，使研究结果更全面、更符合客观实际，在相关问题的理论研究方面具有一定的创新。

（二）方法论创新

本研究尝试用旅游环境承载力理论，根据旅游景区实际发展状况，建立完善的旅游景区旅游环境承载力的评价指标体系及较为系统的研究方法，为旅游景区做出总体规划设计和结构性战略调整提供理论依据和技术支撑。

（三）解决现实问题

在旅游景区环境承载力这一问题的研究过程中，本书将定性、定量分析方法相结合，将旅游承载力理论应用到实践中。基于实证调查结果，一方面对所使用的测评工具进行验证，另一方面通过对该评价指标测算结果做具体分析，对该景区旅游环境承载力的控制与管理问题提出具有指导意义的对策和建议。

二　研究意义

（一）理论意义

旅游环境承载力是十分复杂的概念体系，涉及生态、经济、社会和心理等多个领域，具有学科的交叉性、综合性和边缘性的特点，单单从某一学科的角度去审视它，容易使问题的解决片面化。关于这一问题，地理学者注重对旅游空间承载力做具体分析，经济学家将研究重点放在经济承载力上，环境学家将研究重点放在生态环境承载力上，心理学家将重点放在旅游者心理感知承载力上，也有学者将“生态、经济和社会”作为一复合体进行研究，但也仅从供给或需求单一维度进行研究，而旅游环境承载力不仅要体现旅游承载基体的承载能力，还要体现旅游承载客体的感知能力。旅游环境承载力是在自然、经济和社会文化等要素没有遭到破坏，并且游客的满意度没有出现不可接受的下降时，一个旅游目的地所能承载的能力。因此，应从“供给—需求”双重维度进行研究，避免从供给或需要单一维度构建评价指标体系的不系统、不科学。本书从旅游环境承载力的内涵与特性入手，利用旅游系统论、人地关系理论、可持续发展、生态脆弱性理论、旅游生命周期理论等，从“供给—需求”双重维度，通过问卷调查法和专家咨询法，构建长白山北景区旅游环境承载力指标体系，对长白山北景区旅游环境承载力进行研究，拓展了旅游环境承载力的概念，丰富了旅游环境承载力的理论。

（二）现实意义

我国旅游业正处于快速发展阶段，在这个过程中环境承受着巨大的压力，部分地区旅游环境遭到了严重破坏，旅游环境质量迅速下降。在这种情况下，旅游环境保护与经济发展的矛盾凸显出来。中共吉林省委十届三次全体会议中提出吉林省要着力抓好发展这一首要任务，并加快创新步伐，实现绿色发展，不断提高景区开放度，加快科学发展，树立科学发展观和可持续发展的理念，因此，在保证旅游开发、环境保护相统一的基础上，明确旅游环境所需维持的理想状态或可接受影响的极限，是保障旅游经济效益、社会效益和环境效益相协调的重要举措，也有利于为游客提供更好的旅游体验，而旅游环境承载力问题的研究能够为解决这一问题提供支持。

旅游环境承载力是旅游资源规划管理的理论依据，可以有效指导旅游区的健康发展。本书通过分析长白山北景区的旅游环境现状与该景区现阶段发展过程中的影响因素，根据景区环境承载力评估数据，制定解决该景区环境承载力问题的具体措施，对于解决长白山北景区的实际问题具有现实指导意义；此外通过此项实证研究可以为相关部门提供政策建议，对长白山北景区进行科学的旅游发展规划和合理的资源及环境管理，为该景区的可持续发展和旅游产品生命周期的延长提供保障。

第四节 研究框架与技术路线

一 研究的基本框架

本书将旅游环境承载力有关理论作为参考依据，首先，在对概念进行界定、对基本理念进行分析的基础上，对旅游环境承载力的研究方法和实证研究成果进行系统梳理和评价，奠定了理论基础。其次，从景区的自然环境承载、旅游经济环境、管理体制和旅游城镇化建设四个维度探讨了长白山北景区旅游环境中存在问题，为旅游环境承载力研究奠定了基础。再次，从旅游环境承载力的内涵与特性入手，利用旅游系统论、人地关系理论、可持续发展、生态脆弱性理论、旅游生命周期理等理论，从“供给—需求”双重维度，通过问卷调查法和专家咨询法，从生态环境承载力、经济环境承载力、社会环境承载力和心理环境承载力四个方面，提取20个指标构成长白山北景区旅游环境承载力评价指标体系，对长白山北景区旅游环境承载力进行评价。最后，在定性分析和定量研究的基础上，通过分析长白山北景区的旅游环境现状与该景区现阶段发展过程中存在的问题，根据景区环境承载力评估数据，制定解决该景区环境承载力问题的具体措施，旨在促进景区的可持续发展。

二 研究方法的选择

结合本书研究的主体内容，本书采用的研究方法主要有：

（一）野外调查法

对长白山北景区做实地调查，并做好数据分析。制定该景区发展规划，景区经济转型具体方案，建立景区统计数据库，制定社会经济发展、交通、环境保护规划。根据该地区政府制定的2007—2017年各年度工作报告，对社会经济发展、人口数量变化、产业规模等有关数据做好统计，为后续研究做准备。

（二）问卷调查法

向游客发放调查问卷。根据长白山北景区的特点，有针对性地设计调查问卷。调查结果的处理采用SPSS18.0统计软件进行分析，运用多种统计方法对数据进行统计分析与处理。

（三）德尔菲法

为筛选长白山旅游环境承载力评价指标，采用德尔菲法（专家咨询法），建立该景区旅游环境承载力评价指标体系。

（四）层次分析法

采用层次分析法确定长白山北景区旅游环境承载力测评系统各评价指标的权重。

三　研究的技术路线设计

本书通过分析国内外环境承载力研究资料，并根据该地区的具体调查收集有关研究资料，确定长白山北景区作为研究对象，全面分析该景区现阶段的环境承载力状况，最后根据该景区的实际情况制定旅游环境承载力调控对策与建议。本书技术路线框架如图 1-1 所示。

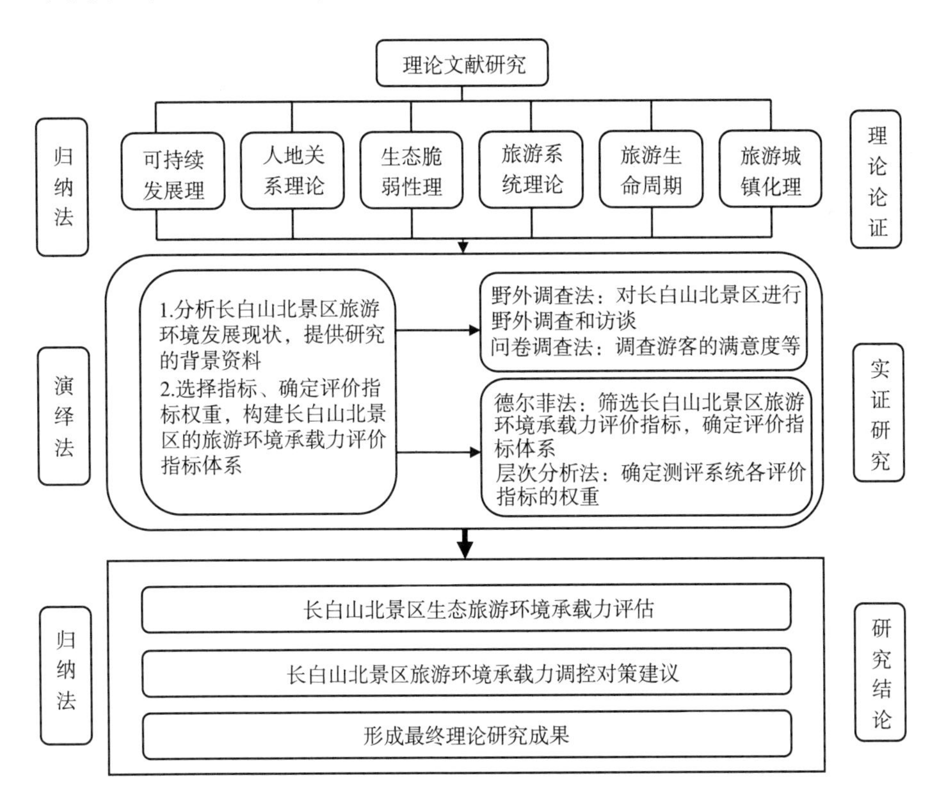

图 1-1　本书技术路线框架

第二章

旅游环境承载力概念的界定和理论基础

第一节 核心概念的界定

一 旅游环境容量

旅游环境容量的概念，在不同的时间，国外与国内对它的定义是不同的。在国外最开始的提法是环境容量，是从生态学角度描述生物和环境之间的阈值关系。20 世纪 30 年代中期在美国出现了游憩环境容量的提法，游憩环境容量主要表示一个游憩地区能够稳定旅游水平的游憩使用量。1986 年，O' Reilly 从两方面分析了旅游环境容量，第一，旅游容量水平首先要在景区周边居民所能承受的负面影响范围内；第二，旅游容量是指景区游客的正常流量，包括自然环境、经济、社会三个方面的容量。

我国学者对于旅游环境容量的概念，由于专业背景和研究视角的不同，界定也不尽相同，我国学者保继刚明确指出，旅游环境容量是指在满足游客游览需求的基础上，符合景区环境质量标准时，风景区正常的游客容纳量。崔凤军明确了旅游环境容量这一定义，并提出这一概念主要包括四个组成部分，即环境生态、资源空间、心理和经济。旅游环境容量的概念在不断发展和完善，从单一的旅游物质容量逐步扩展到多个领域、社会经济和心理等的分析。

二 旅游承载力

对于旅游承载力的概念，国内外研究学者仍然存在很大的争议，但一致的观点为，如果景区旅游资源开发不合理，会造成旅游景区生态环境遭受破坏，甚至还会影响社会稳定，也无法实现旅游业的可持续发展，甚至缩短景区生命周期。由此看来，任何一个景区都会存在旅游活动承受最高值与最适值，这就是旅游承载力。由于自然资源的有限性如果人们不合理开发利用自然资源，就会造成资源枯竭，而旅游环境承载力就是在合理利用资源的前提下，景区旅游活动需求的最高值。

生态旅游要求尽可能减轻景区对生态环境的影响，开展的旅游活动要将景区生态环境保护和经济发展相统一。生态旅游承载力是在生态环境不被破坏的前提下，旅游的承载能力。研究生态旅游承载力首先考虑的是生态承载力，然后根据旅游活动多个影响因素加以明确。根据以上分析可以了解到，这一概念主要包括两个组成部分：一是生态系统自身的承载力；二是景区生态系统旅游承载力。由此可以发现，生态旅游承载力主要指特定发展阶段内的某一旅游地的生态旅游活动在保持其生态环境不遭到破坏，以及不损害后代人利益需求的基础上，满足当地人的利益需求，实现经济、社会、环境效益的统一，实现可持续发展，以及旅游生态系统的不断完善，也代表着旅游开发强度承载力，以及旅游者、景区双方的需求得到满足时，旅游地所能承载的游客数量最高值。因此，出现了“阈值”的概念，旅游承载力是指如果超出了旅游地的“阈值”，会导致该地区景区生态环境系统功能无法得以完善。旅游承载力表示生态旅游区域的生态系统旅游活动范围，生态系统结构功能的自我恢复能力，以及旅游景区遭受破坏之后的最大承受能力和最大缓冲能力。

三　旅游环境承载力

旅游环境承载力涉及自然、生态、社会、经济、游客心理等多个领域，是个十分复杂的概念。因此，不同学者的专业背景不同、研究角度不同，对旅游环境承载力的定义也不尽相同。

通过梳理国内外研究文献，可以发现，国内外研究学者的研究重点存在很大差异，对旅游环境承载力概念的界定也存在差别。20 世纪 60 年代，国外研究者开始分析旅游环境承载力这一概念，而国内研究远远落后于国外研究，随着旅游业发展速度不断加快，以及环境问题越来越严重，国内研究者才开始研究这一问题，但对于旅游环境承载力的概念，国内研究者由于专业和研究视角不同，并未形成统一概念，归纳如表 2-1 所示。

表 2-1 旅游环境承载力概念的界定

年份	学者	定义
1998	崔凤军	该旅游景区现阶段的发展状态与组合在保证不损害后代人利益、满足当地人基本需求的基础上，在特定发展时间内的游客承载力，以及资源、地理、生态环境承载力
1998	刘玲	在特定发展时间内，某一条件下的旅游景区环境所能承受的旅游经济活动量的阈值
2003	赵西萍	某一时期、某种状态或条件下，旅游资源在保证旅游系统基本功能基础上所能承受的人类旅游活动的阈值
2008	张海广	在保证旅游资源得到充分利用，加强生态环境保护，并实现循环发展的基础上，将社会经济、生态环境等多个要素建立旅游环境系统，为旅游业发展提供支持
2008	黄震方	一定范围的旅游地在确保旅游资源永续利用和生态环境良性循环的前提下，生态系统的自我维持、自我调节能力、旅游资源与旅游环境的供给能力及其可接受的旅游活动与其他社会经济活动的改变极限
2012	马勇	旅游环境承载力是指旅游资源自身或所处区域在一定时间条件下旅游活动的容纳能力，包括容人量和容时量两个方面
2014	韦健华	在特定发展阶段，为游客提供良好的旅游体验，并保持稳定的旅游环境状态

资料来源：根据作者的论文文献整理获得。

综上所述，目前旅游环境承载力概念的研究主要基于两种理念：一是从供给角度，以“地”为中心的理念；二是从供给与需求角度，以“人与地”为中心的理念。从供给角度，以“地”为中心的研究理念将“承载基体”作为旅游环境承载力研究的主要内容。从供给与需求角度，以“人与地”为中心的理念，将“承载基体与承载客体”作为旅游承载力研究的主要内容，体现旅游环境承载力的综合性。

旅游环境承载力不仅要体现承载基体的承载能力，还要体现承载客体的感知能力。因此，笔者认为旅游环境承载力是在自然、经济和社会文化等要素没有遭到破坏，以及游客的满意度没有出现不可接受的下降时，一个旅游目的地所能承载的能力。

第二节　旅游环境承载力理论

一　旅游环境承载力的构成体系

笔者从供给与需求角度，以“人与地”为中心视角进行分析，将旅游环境承载力纳入“承载基体与承载客体”复合系统中进行分析。从供给上，承载基体由“生态—经济—社会”复合系统组成；从需求上，承载客体主要体现为旅游者的心理感知承载力。因此，旅游环境承载力由生态环境、经济环境、社会环境和心理环境承载力。旅游环境承载力取决于针对不同目的的旅游环境要素所划分的各承载分量值的大小，其构成体系如图 2-1 所示。

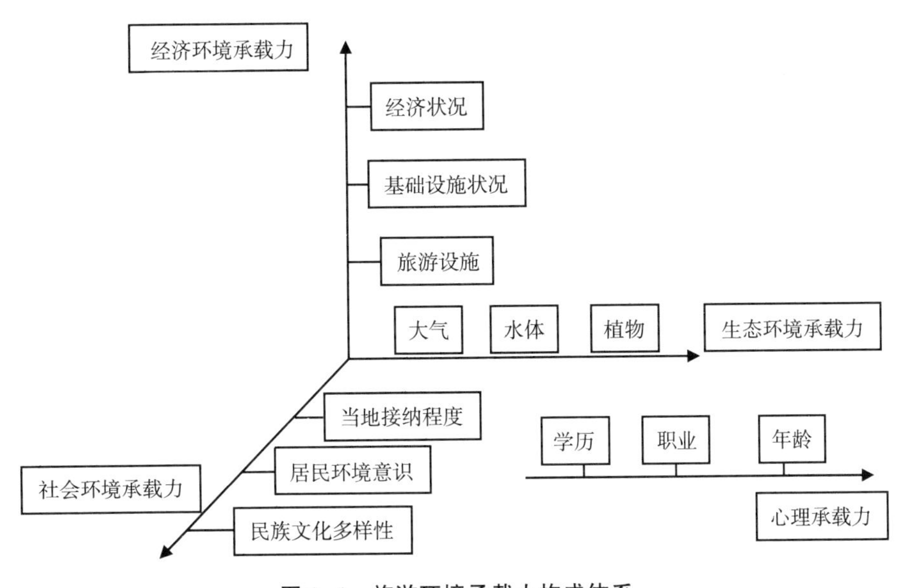

图 2-1　旅游环境承载力构成体系

具体而言，旅游环境承载力应侧重于经济、生态、社会和心理环境承载力分量研究。

1. 经济环境承载力

经济环境承载力是某一时期内旅游地在发展过程中其经济规模的接纳能力。影响因素包括经济状况、基础设施状况、旅游设施等，其中，经济水平与设施的状况决定了旅游的经济环境承载力。

2. 生态环境承载力

生态环境承载力是指在一定的生态环境质量下，在不超出生态系统弹性限度内，生态环境子系统的容纳能力。生态环境承载力在很大程度上取决于生态环境本身和人类的旅游方式。人类可以通过实施清洁生产，减少废物排放量来提高生态环境承载力。影响因素主要包括大气、水体、植物等。

3. 社会环境承载力

社会环境承载力是指在旅游业发展过程中的社会环境差异性和文化冲突，主要体现在文化和习俗方面。影响因素主要包括当地接纳程度、居民环境意识、民族文化多样性等。

4. 心理承载力

心理承载力是指旅游者在一定时间内进行旅游活动时，在没有不舒服的心理感觉情况下，旅游地所能接受游客的数量。影响的主要因素包括旅游者学历、职业、年龄等。

由此可见，经济环境承载力是旅游环境承载力的动力因素，生态环境承载力是旅游环境承载力的限制因素，社会环境承载力是旅游环境承载力的基础因素，而心理承载力是旅游环境承载力的胁迫因素。

二　旅游环境承载力的特性

1. 综合性

旅游业这一产业的综合性较强，尤其是旅游环境系统包括多个要素，涉及社会经济和自然环境诸多方面。在评估旅游景区环境承载力时，社会环境、经济环境这几个方面都要考虑，并且旅游涉及“食、住、行、游、购、娱”六大要素，2015 年李金早又提出旅游的新六要素“商、养、学、闲、情、奇”，涉及面更广，因此，需要运用多个学科知识做综合分析。

2. 客观性

旅游环境承载力主要包括两个组成部分，一是旅游目的地环境系统承受力，二是游客心理承受力。在特定的发展阶段，该旅游目的地的基础设施、主体构成以及主要功能定位与信息传递基本稳定，因此，对于任何一个旅游目的地来说，其对环境承载力的影响都是实际存在的，只是大小不同而已。

3. 可衡量性

在特定时间段内，旅游地的旅游活动承载力的极限值基本稳定，这一极限值也能够进行准确测算，我们把极限值的最大值称为饱和承载力，代表旅游环境承载力的极限值，如果超过了这一极限值则表示为超载，就会导致旅游目的地环境发生改变。如果未及时调整，任其自由发展，则会导致旅游环境系统受到更大影响。

4. 不确定性

旅游环境承载力涉及社会、经济、自然环境诸多方面，每个方面又涉及若干个因素，只要一个因素发生变化，旅游环境承载力的值就会发生变化。例如，目的地自然环境管理机制、科学技术水平的提升都是重要的影响因素，都有可能改变旅游环境承载力。旅游环境系统的承载力主要表现在质与量的变化，前者主要指旅游环境承载力指标体系的改变，后者则表示指标值权重的改变。

三　旅游环境承载力的测算方法

1. 分量综合计算模型

崔凤军（1998）的观点为，旅游环境承载力（TECC）分量或因子对其产生的影响也存在很大区别。其提出，可以将影响力较小的承载力值乘以数值系数（大于1），这一数值主要根据专家调查，结合社会调查得出，即：

$TECC==\min\{X_1\times A, X_2\times B, X_3\times C, X_4\times D, \cdots\}$

X_1、X_2、X_3、X_4是作用数值系数

A、B、C、D是承载力分量或因子指标。

研究学者将这一方法主要应用在实证研究当中，对旅游环境承载力的实证研究分量综合计算模型占据了较大的比例，需要提供大量的数据进行测算，因此，在实际应用过程中会存在误差。

2. 指数计算模型

王剑（2002）明确提到，旅游环境承载力指数主要表示特定景区旅游环境承载量（TECQ）与旅游环境承载力的比例，计算公式为：

$TECI = TECQ/TECC$

TECI 大于 1 、小于 1、等于 1 分别表示超载、弱载、适载，同时将该系统划分为三个子系统，包括自然系统、社会系统和经济系统，认为每一个单项指标从多个角度呈现出该系统造成的人类社会活动的影响，为了计算出最后的旅游综合承载力大小，在计算过程中，首先要采取多目标线性加权函数法的计算方法，也是综合评分法，计算公式为：

$TECC = A_i \times B_i$

其中，TECC 是旅游环境承载力的综合得分；

A_i是第 i 项要素指标的分值；

B_i是第 i 项指标要素对旅游环境承载力的权重。

旅游环境承载力指数 0—0. 8、0. 81—1. 0、1. 01—1. 2、大于 1. 21 分别表示弱载、适载、轻度超载、强度超载。

3. 限制性因子计算模型

胡炳清（1995）参考了生态学理论，并根据这一理论明确了旅游环境容量的限制性因子与最低定律，并建立了数学计算模型，提出旅游环境系统包括多个子系统——服务、交通、景点等，这些系统受经济、自然环境的影响。而交通、空间、基础设施是重要影响因子，娱乐设施、交通条件、床位、空间、逗留时间对这些因子的影响力最大。他给出了因子的计算公式，并在此基础上建立了计算旅游环境容量的模型 $M = \min(M_1, M_2, M_3, M_4, M_5)$。

计算出这些因子的容量值，选择最小值作为当前旅游环境容量值，并将相应的限制因子作为首先考虑的限制性因子。

第三节　旅游环境承载力的相关理论

一　可持续发展理论

（一）可持续发展理论的内涵及原则

1. 可持续发展理论的内涵

在国际会议上第一次提出可持续发展理论是在 20 世纪 80 年代，联合国环境委员会发表的《我们共同的未来》的文章当中明确提到，可持续发展理论的核心指“在不破坏后代人需求的基础上满足当代人发展需要”。这一理论内容丰富，主要包括两方面，第一，人类必须发展，经济发展可以推动人类社会的发展，可持续发展是为了满足人类多元化需要，这就要求把可持续发展放在重要的位置。第二，人类的发展则首先要分析环境的影响，可持续发展要按照代际原则来实施，保护后代人在可使用资源的基础上实现经济发展，满足当代人的发展需求。因此，经济发展需要与环境保护相统一，而可持续发展也要认识到环境保护的重要作用，个人都要履行好环境保护的职责，提高环境保护的意识，也有利于为生态环境保护提供支持，并创造良好的生活环境，树立可持续发展理念，将其融入日常生活当中。这一发展理念要求人们建立全新的生产方式，充分发挥环境保护新技术的重要作用，并扩大这一技术应用范围。可持续发展是指要考虑经济发展与环境因素，这一发展理念的内涵可以概括为以下几个方面：①可持续发展并非代表不认可经济增长，尤其是经济落后地区的经济发展，这一理念是指在生态环境可承受范围内保持经济合理的增长，将经济效益与生态效益相统一，但经济增长并不表示全面发展，发展与可持续、供求平衡也存在很大区别；②可持续发展是建立在自然资源基础上，并与环境承载力相适应；③可持续发展需要不断提高社会生活质量，改善社会生活环境，树立科学发展观，并能够适应社会发展；④可持续发展理念明确强调产品服务自然资源，要合理开发自然资源，并将其控制在环境承载力范围内，防止生态环境遭到破坏，实现生态环境保护与经济发展的统一，创造良好的社会生活环境；⑤可持续发展理念的实施需要有关法律法规的支持，以及社会公众的积极参与。

2. 可持续发展的原则

可持续发展注重经济效益与社会效益、生态效益的统一，注重社会发展的公平性以及人与自然的和谐发展。这一理念中“发展”是前提，发展既要经济繁荣，也要社会进步，因此，在衡量的指标上不能单纯地使用国民生产总值，而应使用社会、经济、环境等多项指标。因此在可持续发展的过程中首先要遵循的就是公平性原则，保证代际公平。其次是持续性原则。在可持续发展中处理好旅游供求关系，并注重生态环境保护，提高自然资源利用效率。最后是共同性原则。我们赖以生存的地球是一个整体，地球的整体性和相互依赖性就要求我们达成共识——保护环境，推进可持续发展战略。

（二）旅游可持续发展理论的内涵及原则

1. 旅游可持续发展理论的内涵

自可持续发展概念提出以后，旅游业也开始重视这一理念的重要作用。20 世纪 90 年代，世界旅游组织提出旅游可持续发展的概念。1995 年 4 月，联合国教科文组织、环境规划署和世界旅游组织等在西班牙加纳利群岛专门召开了“可持续旅游发展世界会议”，制订了《可持续旅游发展宪章》。《可持续旅游发展宪章》中指出：“可持续旅游发展的实质，就是要求旅游与自然、文化和人类生存环境成为一个整体。”即旅游、资源、环境三者的统一。旅游可持续发展的内涵可以概括为两个方面，第一，发展是前提，要积极推动旅游业发展，就要考虑各地区实际情况，采取多种措施改善当地居民的生活水平。第二，处理好自然环境、经济环境和社会环境之间的关系，旅游业可持续发展的目标是三者的可持续发展。旅游可持续发展的基本目标为：①为旅游业创造良好的发展环境，同时，旅游业发展还要保证人民群众能够受益，满足人民群众多元化精神文化需要。②提高人们对旅游业发展的认识，旅游业是环境污染小的第三产业，同时“旅游业是一把双刃剑”。旅游业的发展有利于促进经济发展，推动社会经济增长，但也会导致生态环境遭到一定程度的破坏，甚至社会资源的浪费，以及自然资源的不合理开发等这些都会影响社会发展，因此，不能只注重旅游业经济效益，忽视其可能带来的负面影响。③为旅游者提供良好的旅游体验，包括餐饮、住宿等，还应该满足旅游者更高层次的出游需求，即“商、养、学、闲、情、奇”，为旅游创造发展环境。④实现旅游目的地可持续发展。不仅指经济层面，也包括社会文化、思想层面。⑤旅游规划的可持续发展。现阶段一些旅游规划存在问题，并未考虑可持续发展的重要性。可持续旅游规划不仅需要分析应该建设什么和不能建设什么，还要考虑如何在不损害后代人的效益基础上，满足当代人旅游需求，将旅游生态效益、经济效益相统一。

2. 旅游可持续发展理论的原则

旅游可持续发展的基本原则包括：第一，资源发展原则。要想促进旅游业的良好发展，先要满足目的地所在国发展的需要，目的地居民发展旅游的积极性也非常重要。第二，需求多样性原则。由于游客的年龄、性别、学历和职业有较大差异性，致使需求也存在差异，因此，旅游目的地想要发展，就要满足游客多元化的需求，吸引游客。第三，保护环境原则。只有创造良好的目的地发展环境，才能实现旅游的可持续发展，主要是生态和社会文化等环境。

二　人地关系理论

人地关系理论是研究人与地关系的重要理论，是人类在认识自然环境的过程中逐渐形成的，随着科学技术的发展及人类认知的变化，其理论也在不断发展，对此，学者提出了不同的观点，由最开始的天命论、或然论发展，到适应论，生态论、环境感知论和文化决定论，到最后的和谐论，不同历史时期人地关系的观点也存在差异，具体可以分为以下几种。

（一）环境决定论

环境决定论最开始被称为地理环境决定论，简称决定论。环境决定论认为对社会发展起决定性作用的是自然环境。该理论的思想起源可以追溯到古希腊，亚里士多德在其著作《政治学》中谈到人与环境的关系，他认为北方地区由于气候寒冷，各民族的性格大多表现为精力充沛、富于热忱，但“大都拙于技巧而缺乏理解”。亚洲气候炎热，人民“多擅长机巧，深于理解，但精神卑弱，热忱不足”，故常屈从于人而为臣民，甚至沦为奴隶。希腊由于地处寒冷和炎热之间的气候区域，民族的性格兼有寒冷和炎热两个地区民族所具备的优点，“既具热忱，也有理智；精神健旺，所以能永保自由，对于政治也得到高度的发展”。其主要原因要归结于自然环境。法国的政治哲学家孟德斯鸠、德国的哲学家黑格尔都在自己的论著中阐述了自然环境对各民族性格的影响。

地理环境决定论在地理学领域中研究比较深入的是德国地理学家 F. 拉采尔（Fledrich Ratzel，1844—1904），他受达尔文进化论思想的影响，在其著作《人类地理学》中认为环境统治着人类的命运，人和其他生物一样，其分布、活动和发展都受到环境的约束。随后，他的学生美国地理学家 E. C. 森普尔（Ellen Churchll Semple，1863—1932）在其所写的《地理环境之影响》一书中，对拉采尔的思想进行了详细的阐述。不过，森普尔认为对地理环境决定论思想要采取慎重的态度，“只言地理要素与地理影响，不言地理的限定要素，且慎言地理之支配也”。

尽管学者们对环境决定论的思想研究的时间很长，但是由于这个理论忽略了各个要素的相互作用，只是片面地强调环境的决定性作用，因而从20世纪30年代开始受到很多学者的批判，该理论的影响也削弱了。同时学者们意识到，不同地域的人类社会，不仅是自然环境在影响其发展，社会因素、政治因素等都会影响人类社会的发展，只谈自然环境显然是单一的和片面的。

（二）可能论

可能论（possibilism）也称或然论，它不再强调人地关系中自然环境的决定性作用，而是注重人对环境的适应能力和利用自然环境的能力。该理论影响比较大的是法国地理学家P. 维达尔·白兰士（Paul Vidal de la Blache），他于20世纪初提出了自己的观点，认为在人地关系中，虽然自然环境规定了人类的居住的界限，并为人类生活提供了可能性，但是人们对这些条件的反应或适应，则根据他们自己传统的生活方式而不尽相同。同样的自然环境，由于生活方式的不同，表现出的人类社会的形态也是不同的。因此，在人地关系中，人起到的作用是积极的，生活方式是决定某些特定的人群选择何种可能性的基本因素。随着研究的深入，他的学生J. 白吕纳（Jean Brannes，1869—1930）对这个理论进行了详细的论述和深入的研究，他认为心理因素是连接人类与自然环境的桥梁和纽带，“心理因素是随不同社会和时代而变迁的；人们可以按心理的动力在同一自然环境内不断创造出不同的人生事实来”（赵荣，2006）。在人地关系中，他认为自然是固定不变的，而人文是变化多端的，自然环境和人之间的关系常随着时代而发生变化。

在人地关系理论研究的进程中，可能论的思想得到了很多学者的关注和支持，学者们大多认为在人地关系中，不应忽视自然环境的作用，在纷杂的社会文化现象里，自然环境也起到一定的制约作用，但是，文化在影响人的行为方面的作用明显要大于自然环境。

（三）适应论

适应论（adjustment theory）的思想比较有影响的是英国人文地理学

家 P. M. 罗克斯比（Percy M. Roxby，1880—1947）。他认为，人文地理学的研究包括两大主题，一是人对自然环境的适应性；二是居住在一定区域内的人和地理区域之间的关系。这里所指的适应性区别于生物遗传上的适应性，它是由于文化的发展而对自然环境以及环境变化的长期适应。这种适应，不仅是自然环境对人类活动的制约，还包括人类社会对环境的利用和利用的可能性，是自然环境和人类社会相互的适应。

（四）生态论

生态论（human ecology）的思想是由美国地理学家 H. H. 巴罗斯（Harlan. H. Barrows，1877—1960）提出的。他在论著中阐述了自己的观点，认为地理学是研究"人类生态学的科学"，重点要在空间上进行分析，进行研究的目的是关注人类对于自然环境的反应，而不应只关注环境本身。生态论和适应论具有很大的相似性，都是借助生态学的某些观点来分析人地关系的规律。

（五）环境感知论

环境感知论（environmental perception）是文化地理学借助了心理学的观点来分析人地关系的。学者们认为人和自然环境的关系是有规律可循的，并不是杂乱无章的、随机的和毫无规律的。人生活在一定的环境中，势必要受环境和当地文化的影响，在脑海中形成了一定的印象，这种由环境而产生的印象，学者们称为环境感知，环境感知是人对现实环境的认识和理解，会存在主观性，不同人的环境感知也存在差异。对环境感知的研究，学者们在自然灾害的感知问题上研究颇多，例如不同的人对洪涝灾害的反应不同，在有宗教信仰的地区，人们认为洪涝灾害是神对人类的惩罚，采用的应对策略是祭神，祈求神灵保佑，消除灾害。因此，在自然灾害频繁的地方祭祀神灵的活动就很盛行。环境感知现象在移民身上的体现比较明显，比如原先居住在美国东部大西洋沿岸地区居民头脑中形成了环境感知，农业生产活动是在湿润气候条件下进行的，后来有一部分居民迁到西部的干旱地区，但是在脑海中形成的环境感知还是按照东部的湿润气候条件下形成的，并据此感知来安排农业生产活动，因对西部的干旱气候没有预期而遭受到巨大的损失，并且要在多次受到灾害气候打击后才能慢慢改正头脑中形成的不符合当地实际情况的环境感知。

（六）文化决定论

文化决定论（cultural determinism）是学者们认为在现代技术经济条件下，人类不仅可以利用自然环境，而且可以根据人们的主观意愿改造自然环境，他们认为人地关系中“人”是起着决定性作用的，人对环境的利用和影响非常大，例如，在河流上建造大坝，储存大量的水可以发电、防洪、供水，等等，完全能按照人的主观意愿进行。还有一些沙漠化的地区，通过人工造林改善了地区的小气候。这些都是克服自然环境的劣势，通过人的设计和建设完成的工程。

（七）和谐论

和谐论（harmony）的思想源于1980年在国际地理大会开幕词中提到的“……如何去和谐环境和人类文化生活关系，已成为国际地理学界所面临的主要研究任务”。和谐论认为人地关系必须处理好两个关键问题，一是人类必须顺应自然环境的发展规律，将地理环境充分利用；二是对于已经破坏的不协调的人地关系要进行调控和优化。学者们认为协调的目标是一个多元的战略目标，包括经济、社会和环境等多个指标，和谐的目的是保持经济系统和生态系统的良好运行，在发展的过程中要合理利用自然资源，使资源能够永续利用，在发展经济的同时也能保护好自然资源和自然环境，从而使人地关系和谐，整个系统良性循环。人地关系和谐论的观点很明确，人首先要服从自然，人与自然的关系是共生和谐的。这时提出的人地关系和谐论与最早的人地关系论相比，是一个巨大的进步，也在实际工作中发挥着巨大的作用。

三　生态脆弱性理论

（一）生态脆弱性的概念

脆弱性在地质科学研究领域和生态科学研究领域出现较多，是指事物应对外界干扰的变化趋势。例如自然环境、动植物群体和国家制度，等等，如果外界发生变化该事物无法应对，则说明系统是脆弱的。生态脆弱性是生态系统对外界干扰所具有的敏感反应和自我恢复的能力。

近几年，随着可持续发展计划的实施以及生态文明建设理念的树立，在研究环境承载力的同时应该注重环境中的各组成部分的脆弱性，也正是这些内容极大推动了生态脆弱性的研究。从地理科学角度，地理学家不仅仅分析物种变化，同时也会分析人类活动、气候变暖等多个因素的重要作用，并通过分析地理位置、地貌等多个因素差异，将景观、时空等多个分析手段相结合来分析生态环境承载力影响因素。

20 世纪 80 年代后期至 90 年代中期，一些地理环境研究学者在分析旅游环境承载力这一问题过程中，引入了过渡地带这一概念，随后又衍生出了相似概念，包括生态脆弱带等。现阶段，由于学者的专业背景和研究视角不同，对脆弱性概念的定义也存在很大区别，而笔者认为研究区具有自身特色的山岳特点，其中研究区的高山苔原带、火山地质土壤等存在脆弱性，因此本书所论述的脆弱性是结合自然科学从环境变化角度研究自然生态系统并从中定义，即生态脆弱这一概念的综合性较强，影响范围较大，由于外界的影响，使得系统恢复难度较大，破坏生态环境导致该区域环境承载力下降，使环境脆弱性存在以下三个方面的特点：第一，环境脆弱性具有敏感性和不稳定性，同时客观存在于生态系统当中，并且受到区域的影响。第二，生态脆弱性存在被动性，特别是在“外界干扰”下，生态脆弱性会表现出来。这种干扰不仅是自然环境的影响，也有人类活动影响。第三，环境系统受外界影响则会导致两种结果——脆弱和强韧，是脆弱还是强韧除了受外界因素的影响外，还与自身区域特征有很大的关联性。

（二）生态环境脆弱的成因与类型

1. 生态环境脆弱的成因

生态环境脆弱在形成的过程中存在着内外两种原因：由于自身内部的结构类型中存在着特殊的敏感性和不稳定性，导致内部结构的脆弱，属于内部构成的脆弱性；相反，由于外部环境被其他干扰因素触动，并且出现相应的破坏、消耗、恶化等情况，属于被动的外部脆弱。

（1）内部结构脆弱

生态系统的内部结构脆弱的根本原因在于系统内部敏感性，稳定性较差。敏感性是生态系统的固有属性，容易受到外界干扰的影响。敏感性面对不同要素的干扰时表现出的情况也不尽相同，由此可见敏感性因素的存在也导致生态脆弱性一旦存在，在受到外界干扰的情况下，必然会从内部表现出相应的变化，甚至会产生相关的“链式效应”，进而导致整个生态环境的变化。由此可以了解到，系统如果过于脆弱，受外界的影响，也会导致其内部因素发生改变。一些因素会带动多个因素发展，甚至发挥“链式效应”，最后使系统整体性遭到破坏，这种情况可以表现在两个方面，一是由于生态系统内部处于临界状态，当影响因素出现时导致稳定性被突破；二是在生态系统进行自我维持时表现维持较弱，抗干扰性、承受能力都相对较差，从而出现了系统的脆弱性状态。以喀斯特地貌为例，森林如果遭受破坏，则会导致该系统物质、能量转换受到很大影响，无法保证生态平衡。系统的脆弱性与稳定性存在较大关联，系统稳定性与其抗干扰能力呈正相关关系，系统抗干扰能力越强，稳定性就越强，系统脆弱性与系统稳定性呈负相关关系，系统脆弱性与抗干扰能力呈负相关关系，系统越不稳定，抗干扰能力越差，系统就越脆弱。系统要素较多，要素之间既相互联系，又相互作用，形成一种相对稳定的平衡状态。系统的稳定性是相对的，不稳定性是绝对的，如果系统中某一个要素发生变化，就会引起其他要素随之变化，最终出现整个系统的不稳定，原来的稳定的系统就会被破坏。

（2）外部被动脆弱

生态系统受到外部因素干扰后造成系统的脆弱，或者表述为是受到了外部环境扰动产生了对生态系统的不利影响，这种外部扰动力可以是人类活动也可以是环境变化。人类社会活动导致的脆弱性的主要形式是在人类的相关活动中体现的，例如过度放牧、砍伐森林、工业污染、空气污染、水体污染，从而导致相关地区出现水土流失、山洪、山体滑坡等灾害，这些都对原生态系统的发展影响较大，甚至会出现生态环境问题。环境变化造成的脆弱性主要是指各个发展阶段生态环境的变化，包括多种形式的自然灾害，温室效应导致水平面上升，氧气减少，紫外线照射幅度加大等，这些都使世界范围内出现大规模的生态系统脆弱。很多自然灾害也直接导致了植物群落、地表结构等的破坏，直接将生态系统的载体破坏，使得原有的稳定性减弱。我们应该认识到生态系统的脆弱性是多方面原因共同造成的，是相互联系的，人类活动和环境之间往往是相互伴随的，互相制约、影响的。

2. 生态环境脆弱的类型

生态脆弱区主要发生在多个生态系统的交界过渡区。这些交界过渡区域生态环境系统之间差异较大，生态环境变化明显，成为明显的生态环境变化区域，国家对此制定了保护政策。根据《全国生态脆弱区保护规划纲要》的具体规定，我国生态脆弱区具有系统抗干扰能力弱、对全球气候变化敏感、时空波动性强、边缘效应显著、环境异质性高五个基本特征，因此在地域和气候等条件下，可以将我国生态脆弱区的主要分布范围界定在北方干旱半干旱区、南方丘陵区、西南山地区、青藏高原区及东部沿海水陆交接地区，行政区域涉及广西、重庆、湖北、湖南、江西、安徽等21个省（自治区、直辖市)。《全国生态脆弱区保护规划纲要》中的主要类型如表2-2所示。

表2-2　　我国生态脆弱区类型分布及特征

生态脆弱区类型	分布范围	表现特征	重要生态类型
东北林草交错生态脆弱区	主要分布于大兴安岭山地和燕山山地森林外围与草原接壤的过渡区域，行政区域涉及内蒙古呼伦贝尔市、兴安盟、通辽市、赤峰市和河北省承德市、张家口市等部分县（旗、市、区）	生态过渡带特征明显，群落结构复杂，环境异质性大，对外界反应敏感等	北极泰加林、沙地樟子松林；疏林草甸、草甸草原、典型草原、疏林沙地、湿地、水体等
北方农牧交错生态脆弱区	主要分布于年降水量300—450毫米、干燥度1.0—2.0北方干旱半干旱草原区，行政区域涉及蒙、吉、辽、冀、晋、陕、宁、甘8省区	气候干旱，水资源短缺，土壤结构疏松，植被覆盖度低，容易受风蚀、水蚀和人为活动的强烈影响	典型草原、荒漠草原、疏林沙地、农田等
西北荒漠绿洲交接生态脆弱区	主要分布于河套平原及贺兰山以西，新疆天山南北广大绿洲边缘区，行政区域涉及新、甘、青、蒙等地区	典型荒漠绿洲过渡区，呈非地带性岛状或片状分布，环境异质性大，自然条件恶劣，年降水量少、蒸发量大，水资源极度短缺，土壤瘠薄，植被稀疏，风沙活动强烈，土地荒漠化严重	高山亚高山冻原、高寒草甸、荒漠胡杨林、荒漠灌丛以及珍稀、濒危物种栖息地等。
南方红壤丘陵山地生态脆弱区	主要分布于我国长江以南红土层盆地及红壤丘陵山地，行政区域涉及浙、闽、赣、湘、鄂、苏六省	土层较薄，肥力瘠薄，人为活动强烈，土地严重过垦，土壤质量下降明显，生产力逐年降低；丘陵坡地林木资源砍伐严重，植被覆盖度低，暴雨频繁、强度大，地表水蚀严重	亚热带红壤丘陵山地森林、热性灌丛及草山草坡植被生态系统，亚热带红壤丘陵山地河流湿地水体生态系统

续表

生态脆弱区类型	分布范围	表现特征	重要生态类型
西南岩溶山地石漠化生态脆弱区	主要分布于我国西南石灰岩岩溶山地区域，行政区域涉及川、黔、滇、渝、桂等省市	全年降水量大，融水侵蚀严重，而且岩溶山地土层薄，成土过程缓慢，加之过度砍伐山体林木资源，植被覆盖度低，造成严重水土流失，山体滑坡、泥石流灾害频繁发生	典型喀斯特岩溶地貌景观生态系统，喀斯特森林生态系统，喀斯特河流、湖泊水体生态系统，喀斯特岩溶山地特有和濒危动植物栖息地等
西南山地农牧交错生态脆弱区	主要分布于青藏高原向四川盆地过渡的横断山区，行政区域涉及四川阿坝、甘孜、凉山等州，云南省迪庆、丽江、怒江以及黔西北六盘水等40余个县市	地形起伏大、地质结构复杂，水热条件垂直变化明显，土层发育不全，土壤瘠薄，植被稀疏；受人为活动的强烈影响，区域生态退化明显	亚热带高山针叶林生态系统，亚热带高山峡谷区热性灌丛草地生态系统，亚热带高山高寒草甸及冻原生态系统，河流水体生态系统等
青藏高原复合侵蚀生态脆弱区	主要分布于雅鲁藏布江中游高寒山地沟谷地带、藏北高原和青海三江源地区等	地势高寒，气候恶劣，自然条件严酷，植被稀疏，具有明显的风蚀、水蚀、冻蚀等多种土壤侵蚀现象，是我国生态环境十分脆弱的地区之一	高原冰川、雪线及冻原生态系统，高山灌丛化草地生态系统，高寒草甸生态系统，高山沟谷区河流湿地生态系统等
沿海水陆交接带生态脆弱区	主要分布于我国东部水陆交接地带，行政区域涉及我国东部沿海诸省（市），典型区域为滨海水线500米以内、向陆地延伸1—10千米之内的狭长地域	潮汐、台风及暴雨等气候灾害频发，土壤含盐量高，植被单一，防护效果差	滨海堤岸林植被生态系统，滨海三角洲及滩涂湿地生态系统，近海水域水生生态系统等

通过相关生态环境脆弱性的理论和成因，特别是在类型分布中，可以明确地总结出，长白山地区正处于我国脆弱生态区的“东北林草交错生态脆弱区”范围内，并且长白山植被的垂直变化正是其特殊之处，长白山的高山苔原带、岳桦林带、山地针叶林带、山地针阔混交林带呈现出垂直变化的特点，而高山苔原和火山土壤地质等特点都是其脆弱性的原生因素，还有人类活动和环境变化等因素，因此长白山的生态环境脆弱性也是影响其生态环境承载力的一个重要因素。

四　旅游系统理论

（一）旅游系统的概念

旅游系统最早是由美国学者甘恩（Gunn，1988）提出的，他认为旅游系统是由供给板块和需求板块两部分构成，供给板块由交通、信息促销、旅游吸引物和服务等部分组成，这些要素之间相互依赖性非常强。我国学者陈安泽和卢云亭（1991）提出旅游系统由供给系统和需求系统组成，供给系统可以细分为旅游地域系统、旅游服务系统、旅游商品系统和旅游教育系统四个部分。旅游地域系统作为重要部分，包含旅游资源、旅游地结构、旅游生态环境、旅游路线、旅游中心城镇五个内容。吴人韦（2000）认为，旅游系统包括游客、目的、企业等几个组成部分。旅游者产生旅游动机，而旅游目的地吸引游客，旅游企事业形成旅游服务，使旅游活动得以实现，旅游系统概念实质上是旅游活动系统。吴必虎（1998）认为旅游系统是由客源市场系统、目的地系统、出行系统和支持系统四个子系统构成，其中客源市场系统、出行系统和目的地系统这三个子系统属于内部系统，内部系统之间相互联系密切，在内部系统的外围是支持系统，由政策、制度、环境、人才等要素构成，并依附于其他三个子系统，同时或者分别对三个子系统发挥作用。马勇（2012）认为旅游系统是旅游客源市场、旅游目的地吸引力、旅游企业子系统与保障子系统四个相互关联和影响的要素组成的有机整体。

（二）旅游系统的结构

1. 旅游系统的组织结构

旅游系统的组织结构包括四个部分（如图 2-2 所示）。旅游客源市场子系统根据游客的来源地不同分为本地市场、国内市场和国外市场。旅游目的地吸引力子系统根据产生吸引力的要素细分为旅游吸引物、旅游设施和旅游服务。旅游支撑和保障子系统包括人力资源保障、财政金融保障、环境保护保障和政策法规保障。旅游企业子系统是指专门服务于旅游活动的部门，包括旅游交通、旅游景点和旅游购物，等等。

2. 旅游系统的空间结构

旅游系统的空间结构由旅游客源地、旅游目的地和旅游通道共同构

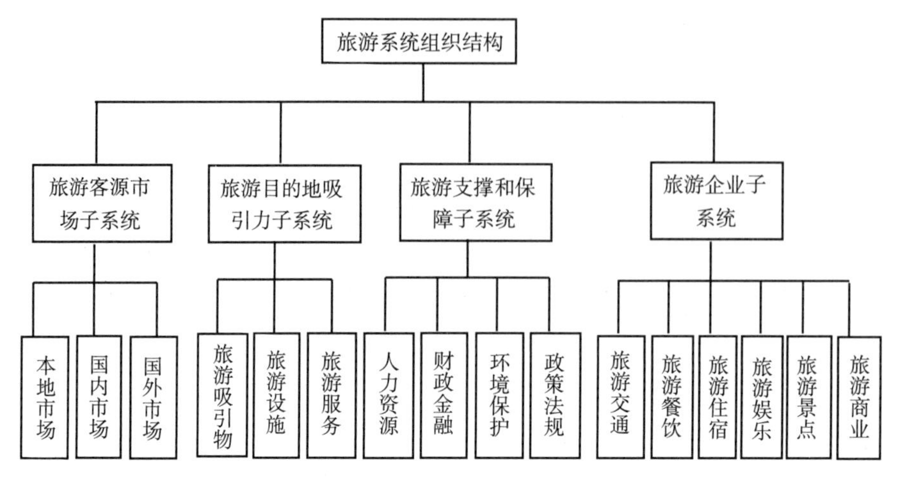

图 2-2 旅游系统组织结构

成（如图 2-3 所示）。旅游客源地是旅游者的长住地，旅游目的地是在旅游吸引物之上逐步形成发展，单个旅游地规模不断扩大，发展为旅游地域，甚至将多个旅游地相结合，共同形成服务多元化、功能多样化的旅游地群，最后逐步发展为旅游目的地。旅游通道包括旅游者往返客源地和目的地之间的交通通道和获得旅游相关资讯的信息通道。

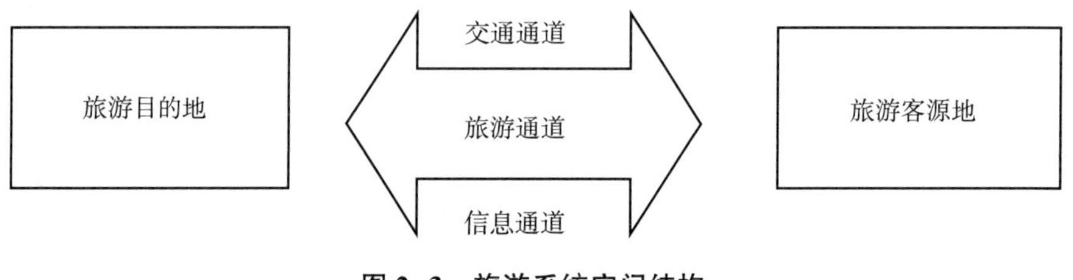

图 2-3 旅游系统空间结构

3. 旅游系统的经济结构

旅游系统的经济结构由旅游需求、旅游供给和旅游市场三部分构成（如图 2-4 所示）。旅游产生的条件是旅游者有闲暇的时间，可支配的自由收入和旅游动机，旅游者有旅游动机才会产生旅游需求，可以在旅游市场中进行交换，获得旅游需求的满足。旅游供给是提供游客产品和服务的，可以从中获得经济收益。旅游市场是提供交换的中间媒介，保证旅游需求方和旅游供给方双方的利益。

图 2-4　旅游系统经济结构

五　旅游生命周期理论

（一）旅游生命周期的内涵

“生命周期”最开始出现在生物学研究领域，是指某种生物从产生到灭亡的演化过程。后来“生命周期”相继被学者们应用到产业经济学、技术经济学、区域经济学、市场营销学等领域，形成产业生命周期、技术创新生命周期、地域演进周期、产品生命周期等理论。

“生命周期”理论真正应用到旅游学界是 1963 年，克里斯泰勒对南德一些旅游地进行研究，他在研究中对旅游地生命周期的概念进行了界定。之后，巴特勒和普罗格在自己的论著中对旅游生命周期进行了系统的阐述，并提出了旅游生命周期模型。

学者们认为，旅游生命周期指的是一个旅游地的发展过程大致是由探查、参与、发展、巩固、停滞、衰落或复苏六个阶段构成的生命过程。

（二）旅游生命周期的模型

1. 巴特勒模型

1980 年加拿大学者巴特勒（Butler）对旅游地生命周期进行了系统研究，他认为旅游地的发展分为探索阶段，起步阶段，发展阶段，稳固阶段，停滞阶段，衰落复兴阶段（如图 2-5 所示）。探索阶段是旅游发展的初级阶段，主要以零散和自发的游客为主，游客数量不多，与当地居民有所接触。到了起步阶段，旅游地有了一定的知名度，游客数量开始增加，可以为游客提供基本的旅游服务和简单的旅游设施，游客与居民接触频繁，对基础设施和接待条件的要求日益严格。进入发展阶段，旅游地具有很大吸引力，旅游人数增长速度较快，旅游市场具有一定的规模，大量的资金投入使旅游配套设施得到改善，旅游总收入增长速度较快，旅游业在当地国民经济发展中地位很重要。在稳固阶段，游客数量虽然也在增加，但是增长速度明显降低，大量的游客涌入给当地居民生活带来了一定的负面影响，游客和居民之间的关系开始紧张。到了停滞阶段后，旅游者人数超过了旅游地的环境容量，当地物价上涨，环境恶化、社会失范等，旅游业发展受阻。进入衰落阶段，旅游地的旅游人数减少，旅游者开始关注其他的新兴旅游资源，旅游业在当地国民经济发展中的重要性日益降低，但如果对旅游地进行创新性再度开发，或者开发出具有创新性的旅游产品，旅游地就会进入新的发展循环，即复兴阶段。

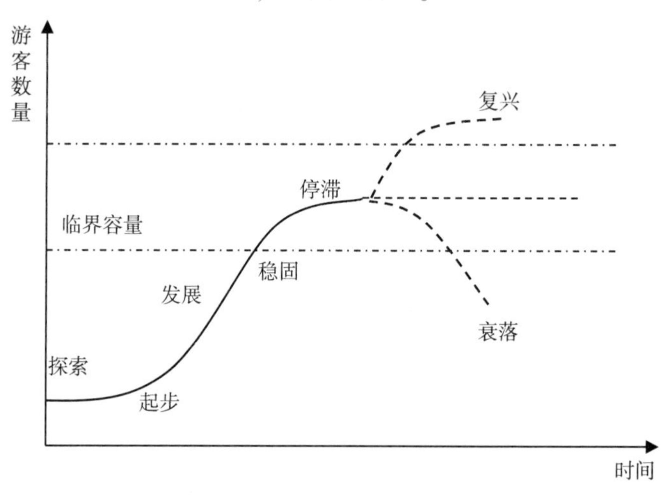

图 2-5 巴特勒旅游生命周期模型

2. 普洛格模型

美国学者斯坦利·普洛格（Stanley C. Plog，1973）认为，旅游者的心理很大程度上影响了旅游地生命周期，他通过研究旅游者的心理爱好，将旅游者细分为五种类型，即冒险型、近冒险型、中间型、近依赖型和依赖型。通过研究游客所属类型确定旅游地所处的发展阶段（如图2-6 所示）。冒险型的旅游者喜欢具有挑战性和新鲜的旅游，他们总是喜欢去别人没有去过的地方，因此旅游地在开发之前，对冒险型旅游者具有很强的吸引力，因此，旅游地起步阶段以冒险型的游客为主。随着冒险型旅游者的进入，会带动近冒险型旅游者也参与其中，使旅游地的人数增多，与旅游相关的配套设施会日渐完善，这时的旅游地处于发展阶段。中间型的旅游者喜欢舒适的、配套设施完善的旅游，随着旅游地的不断发展完善，中间型的旅游者成为多数，此时旅游地已经发展成为成熟的旅游区。依赖型的旅游者缺少探险精神，更喜欢成熟的、交通便利、配套和服务十分完善的旅游地，此时，旅游地对近依赖型和依赖型的旅游者具有吸引力，然而对于原来的冒险型和近冒险型旅游者已经缺少了吸引力，他们会寻找新的旅游地，此时的旅游地游客开始减少，而逐渐进入衰退期。

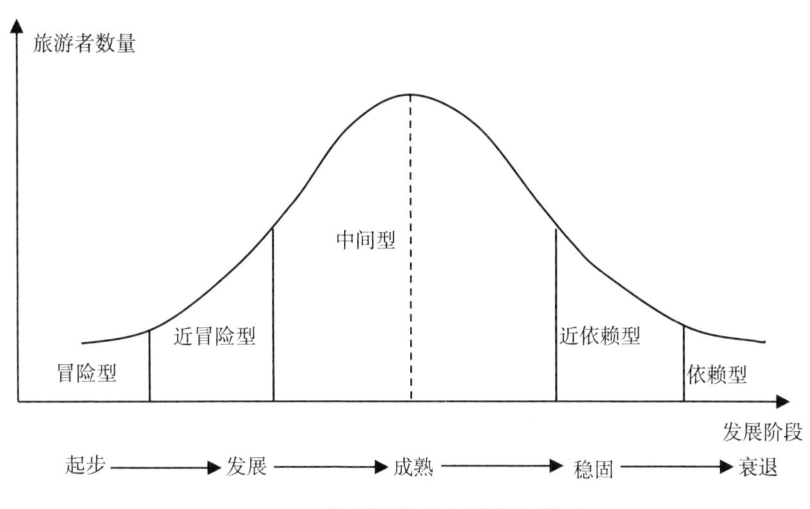

图 2-6　普洛格旅游生命周期模型

六　旅游城镇化理论

（一）旅游城镇化的概念

由澳大利亚学者马林斯（Mullins，1991）提出“旅游城市化”的概念，他认为在城市化的进程中，旅游业可以作为一种推动力来加快区域的城市化进程，城市内的旅游景点由于旅游业发展的需要，带动了周边的基础设施的改善，由于景区基础设施增多且不断完善，在一定程度上推动了城市基础设施的发展，从而提升了城市化水平。另外，景区的发展也带动了城市化的发展，景区开始是相对落后的农村景观，由于旅游业的快速发展，相对应的配套基础设施得以改善，在景区周边出现了大量的酒店和商业网点，景区出现城市化现象。由此可以看出，旅游城镇化作为新的城镇化发展模式，最开始出现在风景名胜区的旅游地，随着旅游业的发展出现了城镇化的现象，进而出现了城镇化的功能地域。

旅游城镇化的内涵可以概括为以下几点，第一，旅游地的实体地域的城镇化，在实体地域上能够体现出城市化的景观，或者说实体地域具有城市化的功能。第二，旅游业吸引了很多务工人员，使人口结构发生了改变。第三，旅游地的产业结构的城镇化，旅游地的产业结构在第三产业的占比越来越大，成为该地域主要的经济来源，有的占比高达90%以上，发展成为该地域的主导产业和优势产业。在旅游城镇化发展进程中，依托旅游业，城市的配套基础设施完善得很快，因此旅游城镇化的发展速度较快，同时，旅游业属于无烟产业，旅游业的发展需求会使旅游地的环境条件得到改善。

（二）旅游城镇化的特点

1. 旅游资源是旅游城镇化发展的重要因素

旅游城镇化最早出现在旅游资源丰富的地区，旅游资源禀赋好，种类齐全，区位条件好，这样的旅游地可以优先发展，旅游业的发展带动了经济发展，同时也加快了城市化进程，这就是旅游资源依托模式。因此，旅游城镇化一般多发生在旅游资源丰富的地区，旅游资源可以说是城镇化发展的首要条件和必要条件，是旅游城镇化发展的内部推动力。

2. 城市的旅游职能凸显出来

在界定城市性质时，越来越多的城市把旅游职能体现出来，尤其是区域内的旅游小镇，其主要城市职能就是旅游职能。在进行城镇体系规划时，不仅有旅游功能和城镇功能，也建立了完善的城市职能结构体系。旅游地的发展，不仅依靠独特的旅游资源，还需要发达的交通，使景区具有可进入性。因此，区域外的游客进入景区的必经之地就是区域内的中心城市，这些中心城市交通发达，经济基础好，是旅游的集散地，在功能上多了一个旅游功能 。

3. 旅游地产业结构中第三产业比重加大

自然旅游资源丰富的旅游地，由于要保护好自然环境，肯定会限制发展有污染的工业企业，城市在产业发展的选择上要以旅游产业为主导，为旅游业创造了良好的发展环境，因此，相应的产业结构会发生变化，第三产业的比重必定会加大。另外，旅游需求决定旅游供给，随着旅游者旅游需求的变化，旅游商业化的步伐也在加快，旅游业和以旅游业为核心的旅游服务业在一定程度上推动了第三产业的发展，也对第三产业做了明确划分。

4. 旅游地空间结构的多样化

在空间结构方面，旅游地在不同的发展阶段表现出不同的空间关系，总的来说有三种常见模式——同心圆模式、环核模式和社区—吸引物模式。同心圆模式（如图 2-7 所示）是将旅游地分为三个部分，以核心保护区域为圆心，核心保护区的外围是游憩缓冲区，最外层是密集游憩服务区。核心保护区是受到严格保护的自然区域，禁止游客进入，游憩缓冲区是限制一部分游客进入，在该区域开展的是科学考察、野营、探险等旅游活动，最外层是密集游憩服务区，为游客提供多元化的旅游服务，包括旅游中心、游乐基础设施等。一般生态型的旅游景区采取的是同心圆模式。环核模式（如图 2-8 所示）是指旅游地在空间布局上以旅游景观为中心，在旅游景观外围设立了大量的餐饮、住宿等旅游相关服务设施。旅游吸引物比较单一的旅游地一般采取的是环核模式。社区—吸引物模式（如图 2-9 所示）是以旅游吸引物为中心，外围布局的是住宿、餐饮、购物、娱乐，旅游资源丰富的地区空间结构体现的是社区—吸引物模式。

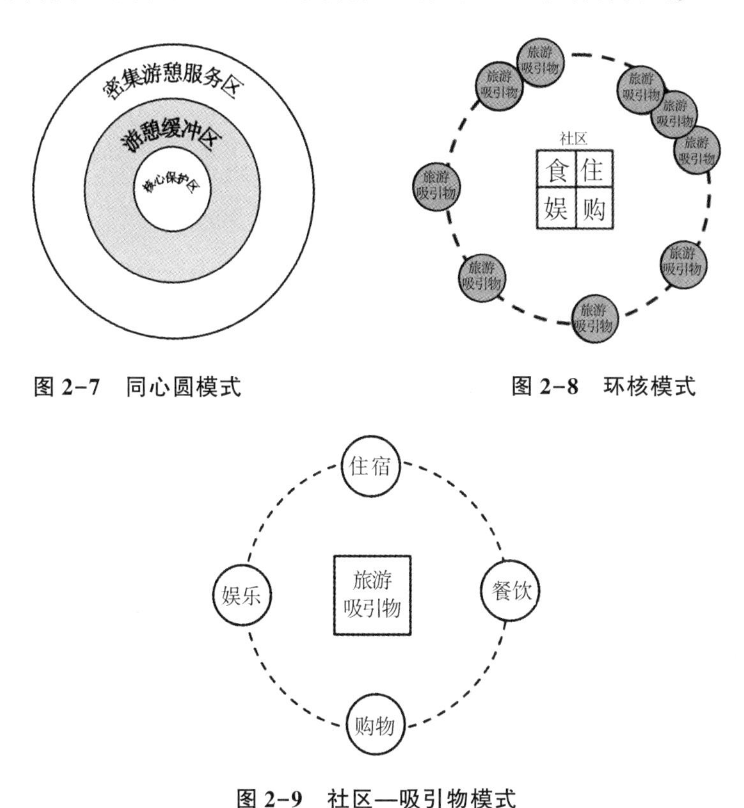

图 2-7　同心圆模式

图 2-8　环核模式

图 2-9　社区—吸引物模式

5. 旅游地人口性质的转变

城市化过程中一个非常重要的指标就是城市人口数量的增加，旅游的发展使旅游地人口性质发生了变化，从农村人口变成了城市人口，不仅如此，从业性质也发生了变化，第一产业人员流入第三产业。旅游季节性差异显著，使一部分人在旅游淡季时从事第一产业，在旅游旺季时从事第三产业，出现了混合职业的现象。

（三）旅游城镇化的发展模式

1. 城市化推动模式

除了基本的居住生活的功能以外，现代城市还拥有商务休闲和观光的功能，在城市景观上，现代动态景观和多元的文化吸引了大量的旅游者观光和购物。现代大都市景观吸引了大量游客，成为旅游者的聚集区。另外，由于城市的发展历程不一样，每个城市都具有不同的城市个性，城市内的文化和景观成为旅游吸引物，在发展中形成了城市中心区的游憩商业区和城市的郊区游憩带两种类型。

2. 旅游主导模式

在一些旅游资源丰富的地区，旅游的经济收入占当地 GDP 的比重非常大，城市的发展依靠旅游业带动，城市化进程也和传统的城市化进程不同。传统的城市化指第一产业逐步向第三产业发展，而旅游主导的城市化则直接是由第一产业转向第三产业。城市发展的动力是旅游业，按照旅游业发展的规模可以细分为旅游城市和旅游小镇。

3. 旅游和城镇化互动模式

这一模式主要有国家旅游度假区、城郊型旅游经济开发区和景区型旅游经济开发区三种类型。国家旅游度假区是指国家确立的综合性旅游区，主要以接待海内外旅游者为主，该区域交通便利，拥有大量的旅游资源、客流量，基础设施完善，具有广阔的发展前景。城郊型旅游经济开发区是指由省级政府在城市近郊区确立的旅游区，该区域的旅游资源品质好，具有很大的发展潜力，在城市发展中生态环境功能突出，因此被优先发展，给予政策和财政的支持，旅游发展作为一个增长极，带动开发区整体的发展，促进了整个区域城镇化的进程。景区型旅游经济开发区一般距离中心城市非常远，由于旅游资源丰富，旅游品质好，政府专门设立了景区管理机构，促进该区域的旅游发展。景区的发展带动区域整体发展，在这个过程中，旅游和城镇化互相促进，互动作用明显。

第三章

长白山北景区旅游环境现状及存在的问题

第一节　区域概况

一　北景区的范围

长白山自然保护区分为池北、池西和池南三区。池北区是天池以北，辖区面积约1162平方千米，城区面积1682平方千米。该区成立于2006年2月，副厅级建制，下辖4个社区、1个行政村，总人口约4.9万。长白山北景区为池北区所辖，是池北区的核心区域（长白山管理委员会驻地），南北长约15.8千米，东西长约22千米，面积约32平方千米。

二　区位条件

（一）经济区位

长白山北景区比邻东北地区重要城市（与长春市距离约450千米，与吉林市距离约340千米，与延吉市距离约180千米，距白山市约200千米。），依托日益完善的立体交通体系，不断与周围城市加强经济往来，促进了长白山北景区自身经济的发展。同时在我国快速交通网络日渐完善，朝鲜半岛政治形势缓和、经济合作趋势向好，以及我国改革开放深入发展的背景下，长白山北景区经济发展也迎来了春天。长白山北景区已经或正在融入环黄渤海经济圈和环日本海经济圈，发展前景广阔。

（二）地理区位

长白山自然保护区位于吉林省东南部，全区南北最大长度为128千米，东西最宽达88千米。长白山管委会现阶段距离吉林市、延吉市、延边州安图县城分别为340千米、210千米、150千米。

（三）交通区位

1. 铁路

铁路方面，目前有通化—白河、通化—龙井的普快列车，丹东—龙井、敦化—白河、沈阳—白河的快速列车可以直达长白山白河站，其他需要从周边的延吉、安图、吉林等中转。敦白线高铁（敦化—白河）是佳木斯至沈阳铁路通道的组成部分，工程线全长112.4千米，起点为安图县二道白河镇长白山站，终点为敦化站，全线设长白山、永庆、敦化3座车站，采用时速250千米的客运专线标准建设，项目预计在2020年建成通车。建成通车后，游客可从长春乘坐长珲城际列车直达二道白河，进入长白山景区。

2. 公路

公路方面，连接长白山北、西、南三坡的环长白山旅游公路已建成，长春至延吉高速公路（G12S）已竣工通车，长春至长白山机场高速全线通车，丹东经集安沿鸭绿江和由珲春沿图们江通向长白山的两条沿江公路基本贯通。长白山区域“两纵三横三联”的干线公路网基本建成。松江至双目峰高速公路（G1215）在松江镇处连接G12S高速，这条高速公路建成后，原先从延吉至长白山三个半小时的车程，将缩短为1.5—2小时。

3. 民航

航空方面，长白山机场已开通了至北京（经停长春）、天津、上海浦东（直航、经停青岛或大连）、延吉、大连、哈尔滨、南京、青岛、沈阳等国内航线。2017年11月，长白山机场改扩建工程正式开工，扩建工程建成投产后，长白山机场机位将增加到20个，旅客吞吐量保障能力提升到200万人次，航班架次保障能力可提升到18500架次，货邮吞吐保障能力可提升到2000吨。届时长白山机场将成为东北地区规模最大的支线机场，将有力推动长白山地区旅游经济的快速发展（见表3-1）。

表 3-1　　长白山机场航线

通航城市	航线	备注
广州、大连	广州—大连—长白山	—
南京	南京—长白山	—
青岛	青岛—长白山	—
烟台	烟台—长白山	—
无锡	无锡—长白山	—
深圳	深圳—长白山	—
北京、延吉	北京—长白山—延吉	—
北京	北京—长白山	—
浦东新区、长春	浦东—长春—长白山	—
上海	上海—长白山	—
长春	长春—长白山	—
上海、大连	上海—大连—长白山	—
成都、长春	成都—长春—长白山	—
沈阳	沈阳—长白山	—
郑州、大连	郑州—大连—长白山	—
杭州	杭州—长白山	—
长沙、天津	长沙—天津—长白山	—
济南	济南—长白山	—
广州、沈阳	广州—沈阳—长白山	冬季航线
大连、哈尔滨	大连—长白山—哈尔滨	冬季航线
武汉、天津	武汉—天津—长白山	冬季航线

总体来看，长白山地处东北东部边疆，远离交通主干线，位于交通末梢。机场受天气、机场等级和航线等影响，运力有限。现有交通条件使来长白山的旅游者转机倒车次数多、交通换乘不便、周转时间长、逗留时间短。但也要看到，长白山对外联系的立体交通网络已经初步形成，随着高铁建设和机场扩建，长白山的对外通达性将得到实质性提升。

第二节 长白山北景区旅游环境现状

一 自然环境

(一) 地形地貌及土壤情况

长白山所处位置为东亚的大陆边缘地带，区内火山地貌极具代表性，主要由玄武岩台地、玄武岩高原和火山锥体构成。在漫长地壳变迁运动中形成的古老岩层，之后从中生代到新生代不断变化。随着第四纪的到来，火山活动由裂隙式喷发转为中心式喷发，碎屑和熔岩物堆积，筑起了以天池为主要火山通道的庞大火山锥。区内高差 2000 米，主峰为火山锥体。长白山作为休眠火山，300 年前最后一次喷发。附近总共有 16 个超过 2500 米的山峰，千姿百态。海拔为 2749 米的将军峰为最高峰，位于朝鲜境内。海拔 2691 米的白云峰在中国境内，是长白山在中国境内的最高峰。玄武岩台地海拔多低于 1000 米，地势平缓，面积非常广阔，有着 200 米的相对高差。玄武岩高原有大约 10 度的坡度，海拔多在 1000—1800 米。作为"国家火山地质公园"，长白山的火山地质地貌非常具有代表性，为研究地球演化历史提供了重要参考。

由于地质地貌、成土母质、气候和植被等自然因素的影响，长白山形成了独特的土壤垂直分布带谱。山地暗棕壤主要在熔岩台地，其所处的海拔低于 1100 米，主要由火山碎屑和岩石风化物形成，土壤质地粗疏，易于排水，土层厚度约为 50 厘米，上覆红松阔叶林植被。棕色针叶林土主要在坡地高原中，其所处的海拔为 1150—1800 米，主要由花岗岩风化物等发展而来，火山灰覆盖其上。土壤上主要生长着云杉、冷杉、长白落叶松等植被。土层厚度为 20—30 厘米。亚高山疏林草甸土位于火山锥体下部，海拔为 1800—2100 米，多由流纹岩等发育而来。上覆岳桦、长白落叶松等矮曲林，沟谷或低洼处零散分布赤杨，该区域土层厚度较薄，约 10 厘米。高山苔原土主要分布在火山锥体周围，其所处的海拔超过 2100 米，多由玄武岩等发育而来。生长着草本、苔藓等植被。植物生长期较短，分解作用时间较长，潜育化作用较强，因此植被下多分布泥炭。土层不厚，零星分布一些非地带性土壤，比如草甸土等。

（二）气候水文

长白山是重要的水系发源地，图们江、松花江以及鸭绿江发源于此。第二松花江主要分为南、北发源地，分别是头道江和二道江，最终汇入松花江。头道江汇集了梯子河等支流，二道江汇集了二道白河等支流。二道白河的坡度较大，落差也很大，河道的水位变幅 1.76 米，多年平均年径流量 1.7 亿立方米，多年平均流量为 5.39 立方米/秒。二道白河是东北地区河源最高、落差最大、瀑布最多、水流最急、水量最稳定的河流。二道白河的源头就是长白山天池。鸭绿江的源头在天池南麓，管委会辖区有十九道沟河等。图们江的源头位于天池东麓，全区河流年流量约 240 亿立方米，蕴含发电量约 347 万千瓦。温泉日涌水量约 90 吨，冷泉日涌水量 200 吨。

长白山属于受季风影响的温带大陆性山地气候，相应的气候特点如下：长白山保护开发区冬季寒冷漫长，夏季温凉短暂，春季多风干燥，秋季凉爽多雾。年平均气温在-7℃—3℃，7 月通常低于 10℃，1 月大约为-20℃，极端低温为-44℃。日照时数较短，通常情况下不高于 2300 小时。无霜期短暂，约 100 天，山顶则更短，大约只有 60 天。积雪厚度大，时间长，一般地区的积雪厚度深达 50 厘米以上，有些区域甚至超过 70 厘米。长白山降水丰沛，年降水量在 700—1400 毫米，降雨主要集中在 6—9 月，占全年降水量的 60%—70%。多雾是长白山的另一个明显气候特征，由于海拔较高气压相对较低，因而雾气较重，雾日较长，长白山主峰雾日达 200 天左右。到了夏季，风云莫测，变化多端，一会儿风和日丽，一会儿风雪交加，“风无一日停，天无一日晴”“一日观四季，十里不同天”是对长白山真实的描述。

（三）植物资源

区内有着相对完整的生态系统，由下向上，分布着针阔混交林、针叶林、岳桦林和苔原带四个垂直植被带。针阔混交林带主要分布在玄武岩台地中，相应的海拔高度是 500—1000 米，植物种类繁多，层次分界不明显，多分布着乔木、灌木等；针叶林带主要分布在玄武岩高原中，相应的海拔高度是 1000—1700 米，植物层次分界相对比较明显，相比针阔混交林带，其有着相对更少的林下灌木、草本种类；岳桦林带主要分布在火山锥体下部，相应的海拔高度是1700—2000米，树木多十分矮小，呈现为弯曲形态，其中主要是岳桦，还有部分花楸等树种，林下灌木种类较少，多为耐寒品种；高山苔原带主要分布在火山锥体上部，海拔高度2000米以上，海拔越高，植物越稀疏，物种越稀少，生长期越短。植被多呈现为匍匐状，有着非常庞大的根系，这是具有代表性的苔原植被。长白山保护开发区有着非常丰富的植物种类。根据《长白山保护规划区规划（2006—2020）》所提供的数据，长白山保护开发区已发现并记录的植物种类总共有2277种，归属于73目246科。长白山保护开发区已发现并记录的低等植物总共有550种，归属于17目59科；高等植物总共有1727种，归属于56目187科。

（四）野生动物资源

长白山保护开发区内野生动物种类繁多，资源丰富。根据《长白山保护规划区规划（2006—2020）》所提供的数据，目前长白山已知野生动物种类有1225种，分属于73目219科。其中，森林昆虫6目48科387种，森林昆虫天敌7目29科94种，圆口类1目1科3种，鱼类2目4科8种，两栖类2目6科13种，爬行类1目3科11种，鸟类18目48科277种，哺乳类6目19科58种，脊椎动物30目61科370种。国家重点保护动物有50种，其中，国家一级保护动物有东北虎、金钱豹、梅花鹿、紫貂、黑鹳、金雕、白肩雕、中华秋沙鸭等；国家二级保护动物有豺、麝、黑熊、棕熊、水獭、猞猁、马鹿、青羊（斑羚）、鹗、鸢、峰鹰、苍鹰、雀鹰、花尾榛鸡等。在这些动物中，药用类15种，食用类14种，毛皮类2种，观赏类1种。

二　经济环境

（一）总体经济发展水平

根据《长白山2016年国民经济和社会发展统计公报》的数据可以看出，长白山保护开发区国民经济稳步增长。2015年地区生产总值31.4亿元（地区生产总值、各产业增加值绝对数按当年价格计算，增长速度按可比价格计算），按可比价格计算，比2014年增长8%。其中，第一产业增加值3.3亿元，增长5.4%；第二产业增加值4.8亿元，增长3.5%；第三产业增加值23.2亿元，增长9.5%。三次产业的结构比例为 11 ∶ 15 ∶ 74，对经济增长的贡献率分别为 7.1%、7.7 % 和 85.2%。

全区民营经济实现增加值 18.4 亿元，占地区生产总值的比重为 58.7%；民营经济实现主营业务收入 43.7 亿元，比上年增长 10.2%。万元 GDP 综合能耗降低率为 1.3%，规模以上工业企业万元增加值综合能耗降低率为 1.4%。

（二）旅游经济发展水平

在旅游业方面（如表 3-2 和图 3-1、图 3-2 所示），2015 年全区旅游总人数约 313 万人次，比 2014 年增加 13%。其中国内游客 296.1 万人次，增长 13.1%；入境游客 16.9 万人次，增长 10.5%，全年旅游总收入 29.76 亿元，增长 16.0%。长白山景区人数 215 万人次，增长 11.4%。

表 3-2　　2015 年长白山景区旅游人数增长情况表

月份	2015 年	2014 年	同比增长
1	49097	26889	82.59%
2	78678	39366	99.86%
3	18527	10892	70.10%
4	21559	15773	36.68%
5	75582	59635	26.74%
6	182895	175643	4.13%
7	525423	520731	0.90%
8	714883	678443	5.37%
9	243524	195007	24.88%
10	165516	150460	10.01%
11	26956	28783	-6.35%
12	48397	32388	49.43%
合计	2151037	1934010	11.22%

资料来源：长白山保护开发区年鉴编纂工作领导小组：《长白山保护开发区 2016 年年鉴》，2017 年 6 月。

2015 年长白山接待入境游客 16.9 万人次，比 2014 年增长 10.46%，占吉林省入境游客的 11.41%；旅游外汇收入 5527.45 万美

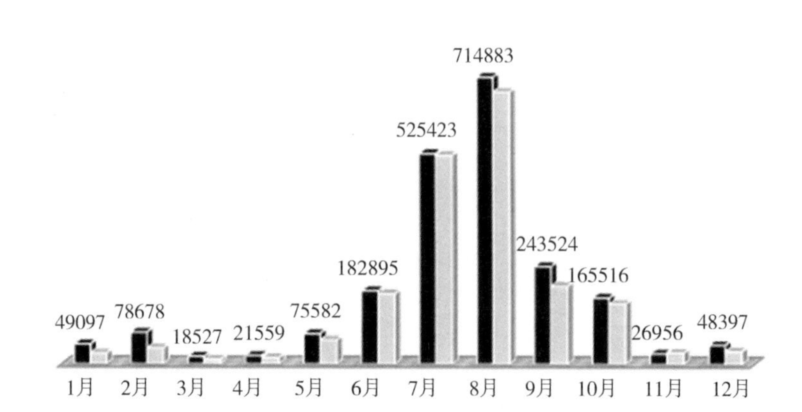

图 3-1 2014—2015 年长白山景区旅游人数

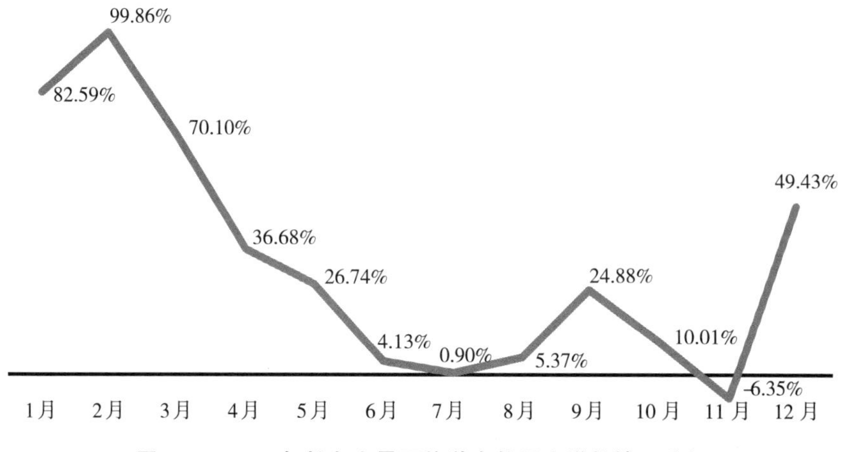

图 3-2 2015 年长白山景区旅游人数同比增长情况分析

元，增长 12%，占吉林省入境旅游外汇收入的 7.63%。如图 3-3 所示，入境旅游客源国（地区）主要是韩国、中国香港澳门地区、俄罗斯、中国台湾地区、日本、美国等。其中，韩国 9.8 万人次，占 58%；中国香港澳门地区 1.5 万人次，占 8.9%；俄罗斯 1.3 万人次，占 7.7%；中国台湾地区 1.2 万人次，占 7.1%；日本 0.9 万人次，占 5.3%；美国 0.6 万人次，占 3.6%；其他国家 1.6 万人次，占 9.4%。

2015 年，长白山接待国内游客 296.1 万人次，比 2014 年增长 13.2%，国内旅游收入 26.28 亿元，增长 16.7%。如图 3-4 所示，短线

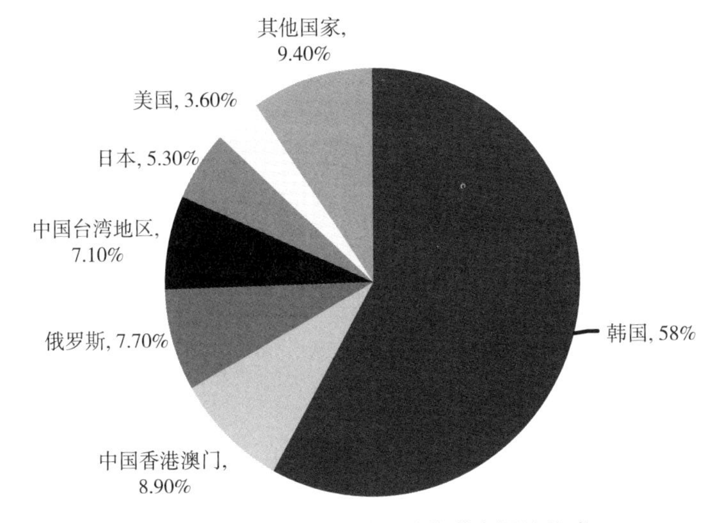

图 3-3　2015 年长白山入境旅游客源地构成

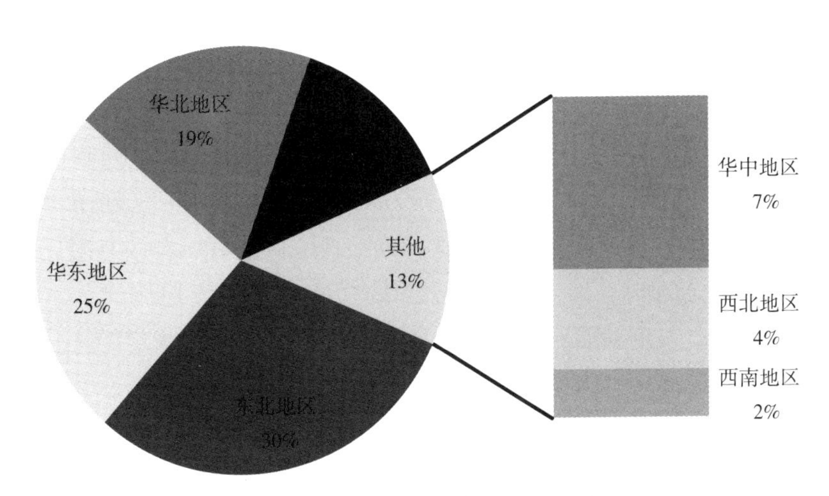

图 3-4　2015 年长白山国内游客客源地构成

游和自驾游的游客数量进一步增加，继续保持快速健康增长格局。国内旅游客源按地区分布排名依次是东北、华东、华北、华南、华中、西北、西南地区。其中，东北地区 88.8 万人次，占 30%；华东地区 74 万人次，占 25%；华北地区 56 万人次，占 19%；华南地区 38.7 万人次，占 13%，华中地区 20.7 万人次，占 7%；西北地区 11.8 万人次，占 4%；西南地区 6.1 万人次，占 2% 。按省份分布最多的三个省（市、地区）分别是北京、广东、吉林。

（三）旅游基础设施

长白山保护开发区的公共设施配套中，池北区作为重要旅游服务中心和保护开发区的行政中心，公共设施配置较齐全；池西区、池南区在文化体育设施、医疗救护、旅游配套服务设施等方面需加强；各主题功能区除池西交通枢纽主题功能区的白溪接待区建成外，其他主题功能区因建设迟缓导致配套设施较为匮乏；各山门除南坡山门未常态开放外，北坡山门和西坡山门设施配置较齐全。天池景区内由于保护的要求，仅配置必要的小型服务设施和基础设施，其他景点配套设施较为零散，以小型的服务点和服务站为主。

2015 年，长白山保护开发区内酒店共 322 家，客房数 8971 间，统计床位数约 18173 张。其中池北有酒店 299 家、池西有酒店 20 家、池南有酒店 3 家。星级饭店共计 14 家，五星级 1 家，四星级 3 家，三星级 8 家，二星级 2 家。家庭旅馆 308 家，床位 6942 张。到 2015 年年末，长白山保护开发区注册经营国内、入境游业务的旅行社有 32 家，具有国内游、入境游、出境游业务资格旅行社 1 家。辖区注册旅行社总数 33 家，旅行社分社 3 家。2015 年，池北中心城区商业服务业用地 64.08 公顷，形成了以白山大街两侧为主的市级商业中心。池西中心城区商业服务业用地 26.83 公顷，主要分布在池西游客服务中心附近，城区西侧商业设施相对偏少。池南中心城区商业服务业用地 4.48 公顷，已建成天沐温泉度假酒店、红柳市场等。和平、白溪主题功能区已建成部分商业服务设施。除南坡山门外，各景区山门均建成少量商业服务设施。目前全区商业服务设施种类较为齐全，但住宿、餐饮等商业设施在旅游旺季仍较为紧缺。

（四）旅游城镇化发展现状

依托优越的资源，大力发展旅游业，以旅游驱动全区发展成为长白山的工作要点。快速发展的旅游经济助推了该区域城镇化的发展。2005 年之前，长白山旅游管理在周边各市域的分治下发展缓慢，周边各市域的城镇化发展也较慢，形成了各自为政的状况，并且管理制度不一样造成了城镇化发展缓慢。2005 年长白山保护开发区管理委员会正式设立，统一规划管理长白山，长白山发展进入全新阶段。

长白山旅游城镇化的发展主要体现在三个方面，第一，长白山旅游进入保护开发状态，形成了统一的领导，伴随着长白山保护开发区管理委员会的设立，主要划分了池北区、池南区以及池西区三个管理区，有利于区域的整体城镇发展规划；第二，长白山旅游的发展不仅带动景区的发展，同时也将与旅游有关的行业和担当服务功能的城镇经济带动起来，经济的发展和旅游者的需求促进了市场发展和环境设施、基础建设的发展，二道白河镇、松江河镇和东岗镇发展迅速，积极推进城镇化建设，其中较为成功是二道白河镇，而在抚松新城建设带动下，松江河镇实现了城市化的快速发展；第三，城镇化发展不仅是城镇居民的居住环境变化，同时交通设施的发展带动了城镇之间的沟通交流，现代交通设施的建设更快地带动了城镇化发展，包括长白山环山公路的建设以及长白山机场建设，在推动景区发展的过程中也有利于为当地居民创造良好的出行环境。长白山旅游城镇化过程中问题也非常多，利益关系错综复杂。地方政府、管委会以及林业局都是相关利益方，政府掌握着土地，景区管委会负责景区管理，林业局可以开采森林资源，资源开发与环境保护矛盾冲突不断，相互间缺乏协调。

长白山保护开发区的城镇化率稳步增长（如图 3-5 所示），2012 年后，城镇化发展迅速，城镇化率已达 82.2%，远远高于全国 50%的平均水平。一个主要原因是辖区人口较少，建成区占比较大，村落较少，

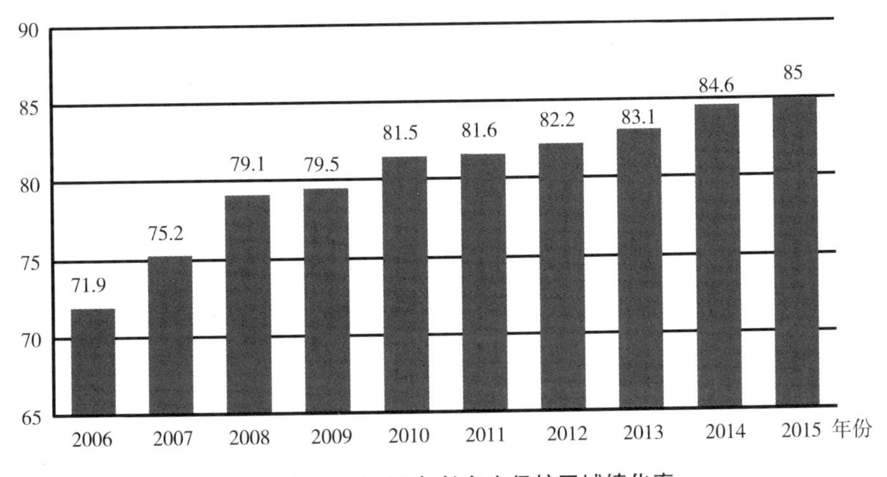

图 3-5 2006—2015 年长白山保护区城镇化率

即使是少量人口流动也会带来数值的较大变动。另一个原因是旅游业的快速发展助推了城市化的发展、收益的提升、所需劳动力的增加，使很多农村人口移居或工作于区内，从而提高了城镇化率。

三　社会环境

（一）体制沿革

长白山人类活动历史可追溯到西汉时期。西汉时长白山地区归属于“句丽县”，东汉长白山地区归属于“高句丽国”，唐代长白山地区属于靺鞨粟末部人的领地，同时该地还有“渤海国”，辽代长白山地区是“东丹国”的始设地，金代长白山地区属于曷懒路属地，金末长白山地区是“东夏国”割据地，元代长白山地区是开元、辽阳二路分属地，明代长白山地区归属于三卫分置地。元末清初，长白山地区为清崛起地。民国时期长白山地区归属于吉林省以及奉天省。

1909 年，当时奉天省长白府设立了安图、抚松两县。1939 年，伪满洲帝国间岛省负责对安图县进行管辖。1950 年，长白山森林公安队正式成立。安图县林业局建立了多个护林工作站，覆盖了奶头山等地。1953 年到 1954 年，林业部森林调查大队耗费巨大人力物力调查长白山森林资源，进行了区域划分，完成了林相图的精准绘制，改制了森林公安队，最终以森林警察队的形式存在。1955 年至 1957 年，头道森林经营所正式建立，此后又相继建立了黄松浦等多个林场。1958 年，在天文峰东侧以及温泉下 3 千米的地方，吉林省气象局筹资兴建了高山气象站，而吉林省体育运动委员会在这个地方筹资兴建了高山冰雪场。1960 年，随着长白山自然保护区建设被提上日程，吉林省林业勘查设计院二队组织人力物力展开了大规模的调查和区划工作。此后资源调查和科研工作持续开展，推动了长白山区资源的开发和保护。1960 年，“吉林省长白山自然保护区”正式设立，包括了原有白山等 5 个施业区，同时还包括了横山 5 个施业区局部。长白山自然保护区面积约 236750 公顷，其中绝对保护区约 139875 公顷，一般保护区约 96875 公顷。同年，吉林省长白山自然保护区管理局正式成立，该局主要负责对长白山自然保护区进行管理，隶属于省林业厅。1962 年 12 月，根据省林业厅报告，吉林省人民委员会进行了转批，此时重点是调整保护区的部分区划。1968 年，省林业局正式撤销了长白山自然保护区管理局，其所拥有的管理站主要交由地方负责管理。1972 年 12 月，长白山自然保护区管理局再次被收回，其归属于吉林省林业局。1982 年 8 月，吉林省人民政府决定以“吉林省长白山自然保护区”来统一表示绝对保护区以及一般保护区，对保护区范围进行了重新调整，总共有 190582 公顷的面积，这样做主要是为了对长白山自然保护区进行更好的管理保护，避免水土流失，保护生态。1986 年 7 月，由国家林业局推动，经过国务院批准，长白山自然保护区正式成为国家级森林和野生动物类型自然保护区。1988 年，《吉林长白山国家级自然保护区管理条例》出台，从法律法规角度规范了保护区的管理，对于保护区的管理工作有着极大的支持。

2005 年，吉林省委制定了多个政策保护长白山自然保护区，充分发挥吉林省旅游优势，并针对该景区制定发展规划，加大保护力度。根据省委会议有关决定，成立专门的长白山管委会，为该景区环境保护工作提供支持，随后又将其升格为正厅级。管委会下设的池西、池北、池南三个经济管理区，级别为县处级。

2006 年 7 月 19 日，根据吉林省政府制定的吉政发〔2006〕30 号文件，长白山管委会作为省政府的派出机构，设正厅级建制，管委会在旅游经济方面对长白山的旅游资源具有重要指挥和建设权力。但是周边三县也需要依靠长白山的旅游资源，特别是长白山景区内的住宿、餐饮等旅游要素目前不能满足游客需求，所以周边三县可以成为长白山旅游景区的游客集散地，并且在这些旅游供给市场中收获各自的旅游经济利益。由于旅游经济对地方经济的贡献能力较强，各区政府都想方设法法招揽游客，政策出台必将带有地方保护的色彩，有可能出现不当的竞争方式，这些都会导致问题和矛盾的发展，进而使各地政府机构之间出现问题。

2007 年 11 月 9 日，根据吉政函〔2007〕141 号文件，为了集中力量保护和开发长白山，将长白朝鲜族自治县境内的长白山三个景区及部分乡镇集体划归到长白山保护开发区管委会管理，原本三个县的竞争，变成了正厅级管委会一家独大，资源独揽。三个县的主要旅游资源都是长白山，管委会的成立将门票、税收等全部上缴，三个县的损失不言而喻，旅游经济矛盾也由此诞生。

（二）社会市场关注状况

通过搜索工具“百度”，用关键字“长白山”进行搜索，搜索结果为389万条。用关键字“长白山旅游”进行搜索，搜索结果为472万条，占比高达121.3%，可见“长白山旅游”的社会市场关注度非常高，在游客印象中，长白山是旅游的理想之地，这将有利于长白山的旅游发展。2016年3月1日至2017年5月29日，搜索“长白山旅游”的指数有较大波动，但基本上保持在600以上，指数最高达到3000（2016年7月），在一年中指数从3月之后开始缓慢上升，4月和5月缓慢增长，6月开始直线上升，增长迅速，到7月之后开始呈现下降趋势，8月的指数和6月相差不多，9月指数开始保持平稳，这正好与长白山旅游淡旺季相吻合，6月、7月和8月是长白山旅游的旺季，通过百度指数对长白山旅游的关注度可以看出，社会市场对长白山旅游的关注度一直保持较高水平。

通过百度指数了解长白山旅游的社会关注度人群，从搜索结果来看，男性的关注度为41%，女性的关注度为59%，男性略低于女性，这说明长白山旅游在女性旅游者中的影响力较大，女性对美容保健、温泉养生、旅游购物等项目比较感兴趣，男性对滑雪等户外运动感兴趣。从年龄段来看，年龄在30—39岁的人群对长白山旅游的关注度为41%，年龄在40—49岁的人群对长白山旅游的关注度为40%，因此，对长白山旅游关注度最高的年龄段位在30—49岁，这两个年龄段的人群关注度合计占81%，其次为20—29岁的人群，关注度为11%，50岁及以上的人群关注度为7%，19岁及以下的人群关注度最低，仅为1%。说明年轻人是长白山旅游社会关注度比较高的人群，是旅游发展需要重点关注的人群。而其他年龄段的潜在旅游者，包括年龄在50岁及以上和19岁以下的青少年旅游者对长白山的关注度较低，这就需要进一步丰富长白山旅游产品体系，增加这些旅游者的兴趣，吸引他们前来长白山旅游。

从关注长白山旅游人群分布的区域来看，东北地区、华北地区和华东地区对长白山的关注较高，华南地区、华中地区和西南地区的关注度相对较低，西北地区对长白山的关注度更低，需要对其加强营销力度。从省份来看，对长白山关注位于前十名的省市依次是：北京、辽宁、吉林、上海、江苏、广东、浙江、天津、山东、黑龙江。

（三）社会环境现状

长白山保护开发区自成立以后，近十年来，在政府和有关部门的领导下，以及广大干部群众的不断努力下，该地区经济发展有了明显的提升，制定了300余项经济发展规划，建立了完善的规划体系，基础设施不断完善。并开展了“松花江大峡谷综合整治”等重点项目。同时，该地区在56年的森林保护过程中并未发生重大火灾，保护了当地的自然资源。开展了630多个重点项目，投资总规模达到了271亿元，同时，该地区建设了多处基础设施，包括环城旅游公路、长白山旅游机场等。该地区城镇化率为83%，处于较高水平。二道白河镇逐步发展成为国家重要城镇化试点地区，并发展了以旅游为主的服务产业，服务业占比上升了32%。长白山旅游股份有限公司实现了上市。与此同时，长白山保护开发区成为国家重要旅游保护区，通过了国家有关部门的审核验收，与其他地区开展了多方面的合作，建立了“长白山国际生态论坛”，与周边地区进行合作交流，推动了社会民生事业的发展。该地区的民生基础设施长白山中心医院得以建成并正常使用。加强民生基础设施建设的同时，建设法制化政府，池西区经过长期的发展获得“全国民主法治示范村”的称号。多措并举提升贫困家庭生活水平，加快了乡村振兴。

四　旅游资源

（一）自然景观资源

长白山最具代表性的就是“七奇”，具体就是峰、石、泉、水、花、草、兽各具特色。1997年，长白山经过国家旅游局评定后被确定为中国山水风光游五大汇合点之一，同时长白山还位列国家旅游局评定的35个旅游王牌景点之中；2000年7月，经过认证官员现场认证，长白山荣获世界上最高海拔火山湖、全球最大落差的火山湖瀑布两项吉尼斯世界纪录；2002年，长白山在“我心中的中华名山推选活动”中获得高度评价，位列中华十大名山，享誉海内外；2007年5月8日，吉林长白山国家级自然保护区经过全国旅游景区质量等级评定委员会的评定，入选了中国第一批 AAAAA 级旅游景区。长白山国家级自然保护区有着极为丰富的资源，保护区的山景奇特，水景曼妙，一系列的自然景观交相辉映，让游客流连忘返；保护区拥有高品位的旅游资源，这些资源多分布在三区四县旅游带，让游人沉浸在这自然仙境中；春天来可以踏青赏景，夏天来可以休闲消暑，秋天来可以赏叶，冬天来可以玩雪，一年四季温泉不断涌出，可以泡温泉，放松精神，愉悦身心。

长白山自然保护区有着独特的自然旅游资源（如表 3-3 所示），以火山、天池、森林和温泉为代表，山地、峡谷、森林、河流共同构成了独特的自然景观，是松花江、鸭绿江和图们江的“三江之源”，在旅游资源等级上属于高等级的旅游资源，优质的自然环境、山体的垂直变化都极具吸引力，旅游资源不仅丰富，还能优势互补。其特点具体如下：长白山自然保护区内的火山地貌非常壮观，让人赞叹自然之力量，山水风光秀丽，沉浸其中让人流连忘返；山地森林生态系统完整，垂直变化规律十分显著；动植物资源非常丰富，种类多样；冬季的长白山自然保护区是冰雪的世界，可欣赏林海雪原；还有非常多的火山矿泉、瀑布等水景观。

表 3-3　　长白山北景区自然旅游资源

旅游资源等级	序号	景点名称	位置
五级自然景观资源	1	长白山天池	
	2	长白瀑布	池北区北坡山门内
	3	地下森林	北坡山门内
	4	聚龙泉	
四级自然景观资源	1	美人松林	池北中心城区内
	2	红松阔叶林带	池北中心城区南侧
	3	长白山珍稀植物保护地	北坡山门西北侧
	4	北坡山门	
	5	暗针叶林带	北坡山门南侧，北坡山门内
	6	绿渊潭	小天池北侧
	7	小天池	池北区北坡山门内
	8	圆池	池北区最东侧
	9	岳桦林带	北坡山门内
	10	岳桦瀑布	北坡山门内
	11	U 形谷	北坡山门内

续表

旅游资源等级	序号	景点名称	位置
三级自然景观资源	1	药水泉	池北中心城区南侧
	2	冰水泉	北坡山门东南侧
	3	洞天瀑布	北坡山门内，靠近地下森林
	4	温泉	北坡山门内，长白山瀑布北900m，二道白河上游河谷两岸，83℃
二级自然景观资源	1	黑风口	池北区北坡山门内
	2	天豁峰	池北区，北坡景点，天池北侧山峰
	3	天文峰	池北区，北坡景点，天池北侧山峰
	4	观日峰	池北区，北坡景点，天池北侧山峰
一级自然景观资源	1	钓鱼台	池北区北坡山门内，北坡景点

资料来源：东北师范大学旅游科学研究所：《长白山旅游资源普查报告》2015年3月；《长白山旅游发展总体规划（2011—2020）》。

1. 火山地貌景观神秘无比

长白山作为休眠火山，有着极具代表性的火山地貌，多为喀斯特地貌。火山熔岩地貌多为熔岩谷地，流水地貌多为河谷平原等，喀斯特地貌最具代表性的就是喀斯特洞穴，冰川冰缘地貌处于火山顶，这些都呈现出地质演化进程，综合价值巨大。

（1）火山群峰。长白山火山数量超过100座，很多都是海拔超过1000米，环绕着长白山，形成火山群。在火山群中最大的火山口海拔为2600米左右，火山口的深度为800米左右，直径达4.5千米，呈漏斗形。火山群峰景观十分独特，在国内极为罕见。长白山天池火山群是新生代多成因复合火山，目前在我国境内保存最为完整，长白山火山大喷发最大的一次是1199—1201年的天池火山大喷发，当时喷出的火山灰连日本海以及日本的北部都受到了影响。长白山属于休眠火山，休眠的时间已有300多年，在世界上休眠火山再次喷发的也有很多，长白山近三次喷发是1597年8月、1688年4月和1702年4月。

（2）U形谷。长白山U形谷是世界上最著名的冰川峡谷之一，U形谷有较大的沟谷，谷宽约为 300 米，切割深度在 100—200 米，谷底地势较为平坦。专家研究发现，U 形谷是第四纪冰川构造运动形成的，由于河流沿构造线方向发育，因此河谷也就呈现“U”形。长白山的 U 形谷宽阔壮观，在世界上极为罕见。关于 U 形谷有一个神话传说，《长白山江岗志略》记载，很久很久以前，长白山天池里有五条蛟龙，他们在长白山上游玩，给长白山留下了五道坡口。这五条蛟龙玩耍累了，其中有四条蛟龙潜入天池，再也没有出来，只有一条蛟龙，从乘槎河蹿出去，劈山豁岭，一直飞向东北。天池水跟着蛟龙一起涌出，波浪滔滔，直下无阻，便形成了瀑布。瀑布下面，深谷幽幽，河岸陡险，与其他地方截然不同。

（3）黑风口。黑风口位于长白山 U 形谷的东侧，在不老峰东侧尾端和观景台间峭壁中，外部形态主要呈现为凹形缺口，在此处可以看到“黑风口”碑文。置身其中会有飞沙走石之感，是可以俯瞰二道白河峡谷和俯观长白瀑布的绝佳位置，举目远眺，可以清楚地看到天池瀑布，游人站在风口，长白瀑布全貌一览无余，十分壮观。在黑风口，风通过这里，自然加大速度，即使风力很小的时候，风口也刮着强风。

2. 水域风光无限秀美

（1）天池。长白山天池为著名火山口湖，是中国最大的火山湖，也是世界上最深的高山湖泊，现为中朝两国的界湖。长白山天池海拔为 2189. 1 米，呈椭圆形，南北长 4. 4 千米，东西宽 3. 37 千米，水面面积为 9. 82 平方千米，水面周长为 13. 1 千米，天池平均水深为 204 米，最深处可达 373 米，总蓄水量 20. 4 亿立方米。天池水温为 0. 7—11℃，年平均气温 7. 3℃。天池湖水十分清澈，湖泊如同碧玉一般。天池主要水源补充为自然降水，湖水不断外流。长白山天池传说有怪兽，让人神往不已。

（2）小天池。其所处位置为二道白河西岸，距离长白山天池北侧约为 3 千米，小天池有两个。小天池不易被发现，其主要存在于岳桦林中，一个小天池的颜色呈现为碧蓝，另一个小天池的颜色呈现为橙黄，我们可以将其视为金银环，非常的美妙，人们也将其视为对环湖。银环湖主要是圆形湖沼，南北长 40 米，东西宽 30 米，周长 260 米，面积为 5000 平方米，水深 10 余米，十分幽静。银环湖有进水口，没有出水口，水位终年变化幅度不大，湖面如同镜子一般，我们可以在水中看到蓝天碧树的倒影。金环湖大小接近银环湖，不过水深非常浅。金环湖有的季节会干涸，在湖底可以看到黄色底泥。小天池附近有很多青山，花草树木种类非常丰富，色彩斑斓，非常好看。

（3）长白瀑布。长白瀑布位于天池的北面，乘槎河的尽头，乘槎河流到1250米处便形成落差为68米的瀑布，是长白山著名的一个景点，因此命名为长白瀑布。长白山总共拥有十六奇峰，这些都围绕着天池，天池北侧存在着闼门，在此处流出天池湖水，人们将其视为“天河”，形成68米的瀑布，声音巨大，长白瀑布由于落差大，在水柱的猛烈冲击下，溅起无数浪花，崖下形成了一个水潭，有20多米深，湍急的瀑布水注入二道白河，成为松花江的正源。长白山瀑布极为壮观，人们置身其中非常美妙。

（4）温泉群。长白温泉群位于长白瀑布以北900米处，地表温泉大约有1000多平方米，泉眼有数百个，每天泉水都不断地从泉眼中涌出，热气腾腾，像巨龙喷水，泉水温度多在60℃—80℃，最高温度可达80多℃，多数温泉的温度也在60℃以上，经过科学家鉴定，长白山的温泉属于高热火山自溢温泉。在冬季，温泉周围冰天雪地，而温泉里却喷着沸腾的热水，温泉里散发出的热水汽遇到周边的草木凝结成霜，形成雾凇，别有一番景象。长白山温泉的水质独特，含有大量的硫化氢、锌、锂等多种微量元素，具有舒筋活血，驱寒祛病，消除疲劳，促进血液循环，加速人体新陈代谢等多种功效。此外，长白山还盛产中草药，不老草、天麻，这些名贵的药材添加到温泉里，温泉水和中草药结合，形成特殊的药浴，对人身体有极大的保健作用。长白山的温泉水温极高，在温泉水里面煮鸡蛋，鸡蛋由内而外变熟，蛋清呈果冻状，入口即化，口感极好，同时鸡蛋还有一种独特的香味。

3. 植被景观独具特色

（1）植被垂直分布景观。长白山自然保护区有着非常完整的生态系统和丰富的植物种类。温带低山湿润针叶阔叶混交林带处于海拔最低的地方，山地暗针叶林带分布在其上，紧接着就是亚高山岳桦林带，海拔最高的就是高山苔原带。在60千米的旅游路段、海拔高差1500米范围内，这些植被垂直分布带极具观赏价值，让游人流连忘返。长白山自然保护区的植物区系非常独特，人们将其视为“典型的自然综合体”，在全球范围内都是非常少见的。

（2）地下森林。也被称为谷底森林，位于长白山北坡景区内，位于长白山冰场东 5 千米，洞天瀑布北侧。主要是在长白山火山喷发的过程中产生的深谷，谷壁深 50—60 米，谷长为 2500—3000 米，由于造山运动或火山活动，造成大面积地层下塌，形成巨大的山谷，使整片森林沉入谷底，后经过漫长的植物演替，最终形成了神秘的茂密原始森林，地下森林是长白山海拔最低的景点。谷底古松参天，苍翠诱人，巨石错落有致，千姿百态，置身于谷底深处，好像在绿色海洋中畅游一样，让人流连忘返。

4. 气象景观变化多端

夏季长白山气候变化非常大，山下是晴天，山上却在下雨，温差和气候变化非常大，随海拔高度的增加，气温越来越低，风力越来越大。长白山气候表现出十分显著的垂直分布特征，在长白山自然保护区可以体验中温带、寒温带和高山亚热带气候。站在山顶看天池，清晰可见，忽然之间却雾气蒸腾，让人非常震惊。

5. 冰雪景观独一无二

长白山冬季也是旅游的绝佳季节，长白山自然保护区的雪的特征就是雪白、雪纯、雪厚、雪质好，林海雪原让人赞叹。长白山地区还建有长白山高原冰雪运动训练基地，其所处的海拔高度是 1640—1820 米，对于高原冰雪运动来讲非常有利，吸引了非常多的人前来运动。长白山高原冰雪运动训练基地整体面积达到 12 公顷，作为综合性基地，可以为爱好者提供滑冰、滑雪训练等服务，同时还开展了体育旅游，吸引众多游客前来。长白山高原冰雪运动训练基地的旺季为 10 月至第二年 5 月初，很多到此进行运动训练，观赏长白山北国风光。

（二）人文景观资源

长白山在金朝和清朝时期就被视为圣山，是满族的发祥地，也是关东文化的根基地，白山黑水已经成为关东文化的代名词。在长白山旅游沿线分布着朝鲜族民俗村，同时，八卦庙和女真祭台等也是长白山独特文化的载体，有利于开展民俗文化研究，长白山北景区人文旅游资源如表 3-4 所示。

表 3-4　长白山北景区人文旅游资源

旅游资源等级	序号	景点名称	位置
三级人文资源	1	长白山自然博物馆	池北中心城区内
一级人文资源	1	天池气象站	池北区北坡山门内
	2	八卦庙	池北区北坡山门内，天池北侧
	3	女真祭台	池北区北坡山门内，天池北侧

资料来源：东北师范大学旅游科学研究所：《长白山旅游资源普查报告》，2015 年 3 月；《长白山旅游发展总体规划（2011—2020）》整理。

1. 长白山自然博物馆

长白山自然博物馆坐落于长白山管委会池北区，占地面积 10000 平方米，建筑面积 5600 平方米，陈列面积 4000 平方米，每年 5 月 18 日为博物馆免费开放日。长白山自然博物馆是宣传长白山的重要窗口，隶属于长白山科学研究院，始建于 1986 年，老馆建筑面积 2400 平方米，陈列面积 1800 平方米。2006 年出资 2800 万元筹建了新馆，2010 年 6 月 19 日新馆正式开馆。长白山自然博物馆主要展出长白山的山川地貌、垂直景观、自然资源及历史和现状，普及科学知识，宣传自然保护对于人类生存的意义与作用，促进学术交流。长白山自然博物馆的展示内容由 6 个部分组成，分别是长白山序言、长白山形成、长白山动物资源、长白山森林生态、长白山植物资源、长白山综合资源。长白山自然博物馆的展品有 2549 份，其中包括 3 座大型浮雕、3 个模型、3 个演示厅、194 块文字版及图版、599 张照片和 1747 份标本。标本中动物标本 1038 份，植物标本 647 份，矿石标本 38 份，药材标本 24 份，年轮标本 5 份。具有代表性的标本有东北虎、紫貂、梅花鹿、金钱豹、麝、中华秋沙鸭等。

2. 天池气象站

天池气象站位于长白山北坡的主峰，始建于 1958 年，于 2014 年进行了维修改造，2015 年 10 月正式投入使用，建筑面积 1005 平方米。天池气象站海拔 2623 米，年平均气温-7.3℃，8 级以上大风天数、大雾天数共 260 多天，雷暴天数 50 多天，年降水量 1333 毫米，是国家一类建设的气象站。天池气象站每天要进行 8 次气象观测和 6 次发报。由于特殊的地理位置，天池气象站所观测到的数据能够代表 700 百帕高度温、压、湿、风等气象要素变化，这对于研究东北地区尤其是长白山独特的气候调节作用具有非常重要的意义。同时，气象站不仅记载着长白山的气象变化的数据，开展的气象观测也为长白山的旅游发展、森林防火和生态保护提供了珍贵的数据资源，为开展科学研究提供数据支撑。

3. 八卦庙

八卦庙位于天豁峰缓坡地，至山根大约 200 米，在天池北边 100 米处，西面是龙门峰，该建筑整体结构为木质，均用较细的方木和薄板，已完全倒塌，留下来的只有基石。庙址从平面看，有三层墙壁，最外层为不等距的八角形，长边为 11.4 米，短边为 2.5 米，东西、南北各宽 14.60 米。门址在南墙正中。世人对该庙的称呼不同，分别有崇德寺、宗德寺等，该建筑在 1928 年由崔时玄建成。庙宇深处树立着两个高 70 厘米、宽 49 厘米、厚 3 厘米的德圭形木牌，木牌正面刻着“道根载源舍堂更造，地于灵宫本五币寺，北接法大道主张宇白氏月氏善愿文”。此层内又有一方形墙壁，边长 11.20 米，门址在南、北二墙中部，壁内侧各有一长方形础石，础石长 60 厘米，宽 40 厘米，顶部有长 28 厘米、宽 6.5 厘米，深 11.5 厘米的凹槽，当是立柱的基石。此方形墙壁内，还有正八角形墙，各边长 2.6 米，宽 6.3 米，门开在南墙偏东处。此八角形内置有 8 个础石，排列成八角形，间距 1.9 米，础石呈方形或长方形，长 40—50 厘米，宽 30— 40 厘米，厚约 20 厘米。根据《安图县文物志》记载：“庙址在天池出水口东北侧岩石台地上。东为火山锥、天豁峰下的缓坡地，至山根约 200 米，南距天池 100 米，西与龙门峰相对，与补天石相距约 150 米。此台地的西、南、北为高 40—50 米的悬崖。台地上长有高原灌木草本植物，为地毯式苔原。”丁兴旺编著的《白头山天池》对八卦庙也有记载：“在乘槎河的左岸，还可以看到一座古庙。这是一座木质结构的庙宇，人们叫它八卦庙，又叫宗德寺、宋德寺、崇德寺、尊德寺。八卦庙外形呈八角形，故而得名，据说是 1929 年建成的。从八卦庙的规模来看，当年这里一定有过钟磬齐鸣，香火鼎盛的时代。”

4. 女真祭台

女真祭台处于天池东钓鳌台上，北面距离汩石坡约 1200 米，南面距离天池约 100 米，由大小不等的玄武岩石块组成，南北略长，东西略窄，直径2.5米，高0.7米，是女真人登山祭天池而建造的。根据相关史料记载，台上有一石堆，相传女真国王登白山祭天池曾筑石于台上，故今尚有遗迹。祭台石碑已被发现，女真祭台文字碑是1999年8月在女真祭台西南3米、距天池水边30米处的草丛中发现的。经吉林省和延边州有关专家考察初步证实，此碑是女真祭台的一块圭形文字碑，由祭坛、通天石、碑石三部分组成。石材初步鉴定为青石，石碑呈长条状，长98.5厘米，腰宽47厘米；底大宽45.5厘米，底小宽33厘米；左侧厚14.5厘米，右侧厚14厘米；碑顶尖部一侧长30厘米，一侧长19厘米。碑面上文字不多，碑的正面、背面均有人为镌刻的文字痕迹。目前，有关部门及工作人员正在对文字碑进行深入研究。女真祭台是女真国王祭天时敬立，距今已有近千年历史，是女真人在长白山活动的实物见证，是长白山最古老文化的遗迹证明，对研究长白山边疆史、民族史、民俗史具有相当大的科学研究价值。

5. 满族发祥地

春秋战国时将长白山叫作“不咸山”，北朝叫作“徙太山”，之后各朝也各有不同的称谓，直到辽金时，开始称作“长白山”，沿用至今。长白山历史称谓的不同，在一定程度上体现出中华民族祖先对长白山非常的敬重，同时也体现出领属关系。满族从长白山走出，发明了“不咸”之语，这与长白山特征是相匹配的，同时与满足先祖风俗习惯也是相匹配的。金朝女真人在东北建国，建立了自己的王朝，因此长白山也被女真族视为“兴邦之地”，长白山神先后被封王尊帝，还建立了很多的庙宇。保护区附近居民在风俗习惯方面依然继承了满族的传统。

6. 朝鲜族民俗风情

该景区聚集了大量的朝鲜族人民，旅游沿线分布着多个具有民族特色的朝鲜族村屯，游客可以充分游览朝鲜族特色建筑，穿朝鲜族服装，住朝鲜族热炕，亲手体验制作辣白菜、打糕和冷面等美食的过程，感受当地的朝鲜族风情。朝鲜族民俗文化底蕴深厚，进一步体现了长白山自然保护区的特色，其风土民情以及传统文化为该地区旅游业的发展提供了良好的条件，也有利于深入研究民族文化。

第三节　长白山北景区旅游环境存在的问题

长白山地区拥有大量的自然资源和人文景观。近几年，政府针对该景区发展制定了多个支持政策，并高度重视，随着旅游基础设施的完善，以及旅游景点开发进入全新的发展阶段，吸引了大量的游客。但长白山北景区旅游环境保护过程中存在的问题较多，甚至与可持续发展的理念不相适应。

一　长白山北景区自然环境承载压力较大

（一）景区过度建设致使森林和湿地破坏严重

长白山地区的森林、湿地生态系统具有重要的生态价值和研究价值，是我国重要的森林和湿地生态系统的分布区，长白山地区在水源涵养、水土保持和生物多样性等方面都发挥着地区重要作用。森林和湿地系统构成了相对完整的生态安全屏障，其对吉林省乃至整个东北地区在粮食生产安全、水资源安全、生物多样性保护等方面的作用具有非常重要的意义。但是近年来，随着长白山地区旅游观光的人数剧增，旅游活动的增加，旅游影响的扩大，也使长白山受到了人类活动的破坏。长白山在 1960 年设立自然保护区至 2006 年吉林省设立长白山保护开发区管理委员会，再到如今长白山南坡景区的开放，在近 60 年的发展中很多自然资源已经受到严重的影响。例如，长白山在开发旅游资源后，为方便游客的观赏和需求，在景区内大量修建人工建筑，其中长白山北景区开发较早，规模较大，很多人工设施和建筑陆续出现，如在北景区核心区人工修建观瀑桥、廊道、宾馆等，早期的修建规划以开发旅游资源，方便游客游览，提高旅游经济效益为主要目的，致使规划中占用了大量的原始林地，因此较大范围地破坏了自然植被，以及其中存在的自然生物链。

自然环境在无法承受外界干扰力的时候就会以其特有的方式表现出来，例如生物物种消失、水土流失、水资源枯竭，等等。长白山地区的森林和湿地资源影响着吉林省乃至整个东北地区，所以在开发和规划不以自然环境承载力为标准的情况下，必将导致其自然环境超载并恶化。

而吉林省在开发长白山地区的时候最早还是以游客和旅游经济为主导，在景区内建设多个公共交通、饭店等基础设施，商亭等人工建筑虽然方便了游客，但是与长白山的原始自然风光极不协调，严重影响旅游气氛。特别是在“绿水青山就是金山银山”的生态文明号召下，对长白山地区的开发更是应该注重其自然环境承载力，但是这种开发情况仍然持续存在，比如2009年，某知名企业投资230亿元在吉林省抚松县松江河镇，打造全国投资规模最大的单个旅游项目——长白山国际度假区，由大型滑雪场、森林高尔夫、度假酒店区、旅游小镇等组成。从2017年开始，抚松县政府先后取缔了“松谷”高尔夫球场和“白桦”高尔夫球场。此后查明长白山国际滑雪中心项目的施工不符合国家建筑标准，尤其是高尔夫球场与别墅建设违反建筑规定，运营不合理。而此建筑区域原址是原始的绿色林地，这种只重视经济效益而忽视自然环境的情况造成了自然环境承载力的超载，这些建筑设施虽然方便游客，但是对自然环境造成了人为的污染，景区内如此，景区周边的城镇也受到影响，不合理以及过度的开发将会导致城镇的不合理发展，同时还带来了噪声污染、废弃物污染、空气污染等问题，这些因素处理不好都将极大地影响长白山景区的环境，掣肘长白山地区的发展，长白山北景区、西景区、南景区在开发以后都将面对这样的问题。因此，人类活动、经济发展带来的景区环境问题终将成为自然环境承载力超载的重要诱因。

（二）矿泉及地下水开采过度

矿泉水是从地下深处自然涌出或是经人工采集的、未受污染的地下矿水，矿泉水分为天然矿泉水和非天然矿泉水，根据《中华人民共和国国家标准饮用天然矿泉水》（GB 8537—2008）的规定，天然矿泉水是从地下深处自然涌出的或经钻井采集的，含有一定量的矿物质、微量元素或其他成分，在一定区域未受污染并采取预防措施避免污染的水，通常情况下，其化学成分、流量、水温等动态指标在天然周期波动范围内相对稳定。长白山地区作为吉林省重要的涵养水源的地区，地下水和矿泉资源非常丰富，该景区矿泉水水源充足且口味独特，质量与世界著名品牌矿泉水相近，有益矿物组分和微量元素含量适中，部分指标还优于一些世界著名的矿泉水。2001年，吉林省成立了长白山天然矿泉水靖宇水源保护区。2005年该地区矿泉水达到了欧盟矿泉水标准。

长白山矿泉水由于水质好，富含矿物质，大众对其的青睐程度越来越高，长白山地区矿泉水作为社会经济发展过程中衍生出来的自然产物，以多种形式出现在大众眼中。相关数据显示，2009 年，吉林省的矿泉水企业数量有 60 家以上，打造多个矿泉水品牌，矿泉水年产量近 100 万吨，每年创造的经营利润为十几亿元。吉林省还与国外多家企业加强合作，加快长白山天然矿泉水的开发。截至 2015 年 3 月，在长白山区域实施的矿泉水项目开采量达到了 1 亿吨以上。

矿泉水作为地质环境产生的自然资源，如果开发利用不合理会导致水文地质等受到很大影响，水源质量下降，甚至还会影响地表生态环境，而矿泉水的生产也会产生工业污水、生活污水等，这些因素必将影响整个长白山地区的生态环境。矿泉水作为重要水源对该景区河流生态建设影响较大，甚至大部分大泉能够为江河提供水源。因此，保证矿泉水开发利用量控制在景区生态环境承载力范围内，有利于保护生态环境。

由于该地区的矿泉水资源丰富，众多企业大规模“跑马圈地”，不合理规划造成短期过度开发利用，使得部分涌泉枯竭，地下水位下降，长白山瀑布在枯水期水量明显减少。在生产矿泉水的过程中不仅仅是填装矿泉，其他的消耗也随之出现，生产一瓶矿泉水需要消耗三瓶水量的水资源，1/4 瓶石油的能量，成吨的矿泉水生产消耗水资源相当于开采相同重量的煤炭耗水量。所以在工业转型、快速城镇化和保障粮食安全的共同要求下，长白山地区的水资源十分紧张。因此，开采矿泉水要了解矿泉水地质、生态，以及水源恢复、水质问题，保护水源，防止竭泽而渔。

（三）景区内的垃圾影响环境制约景区发展

伴随着经济发展，人类活动中产生的废弃物也成为环境可持续发展的重要影响因子，因此为了保护环境，垃圾分类就成为缓解环境破坏，变废为宝的一种手段。按照垃圾分类标准垃圾可分为四类：第一类是可回收垃圾，主要包括废纸、塑料、玻璃、金属和布料；第二类是厨余垃圾，主要包括剩菜、果皮、纸屑等；第三类是有毒有害垃圾，包括对人体健康影响较大的重金属，以及破坏环境、危害性较大的废弃物，电池、灯管、灯具、日常生活用品废弃物等；第四类是其他垃圾，除了以上几种垃圾，还有无法回收的陶瓷、使用过的卫生纸等。这四类垃圾对自然环境的影响都有不同程度的危害，其中众多的玻璃、塑料制品不能短时间内被自然分解，遗留时间较长，造成环境损坏，有毒有害垃圾则对人体和环境都会产生危害，一般需要单独回收。如果对废弃物等合理分类处理将会有效减少对地下水、地表水、土壤及空气的污染。

长白山景区由于接待游客，加之旅游经济带动的相关产业都会产生大量的垃圾，不合理处理会加重景区和周边城镇的环境破坏程度。据有关景区工作人员介绍，长白山的旅游旺季，每天产生的垃圾平均在 5 吨左右，500 多袋，负责清洁工作的人员人少任务重，每天要花很多时间和精力来完成垃圾的清运工作。景区产生的污水在吸污车的辅助下，每日都必须被运送出区至污水处理厂处理，可以说工作量很大。

当游客在景区内进行旅游活动时也会出现随时产生的垃圾和废弃物，如果游客素质较好，可能会将废弃物自行携带出去或者携带至垃圾处理点，但是仍然会有素质不好的游客或者是无意产生的垃圾出现在景区内，景区内虽然分布设立了一些垃圾桶，但是受到景区规划保持自然原始风格的影响，垃圾桶的分布率较低，利用率也会出现较低情况，在保护区内仍然可见没有合理处理的塑料瓶、垃圾袋、烟头等生活垃圾，在景区中虽然每隔一定距离就设立一个环境监管人员，但是这并不是解决问题的最终方式，保护区内道路附近存在大量的垃圾，这会造成周围水体、植被遭到破坏，生态环境受到很大影响。同时由于客流量的问题，景区周边的城镇也受到此类问题影响，城镇的污水处理能力、垃圾等固体废弃物处理能力等都直接影响了景区和周边城镇的可持续发展。

（四）部分游客的不良行为导致高山苔原等植被带破坏严重

长白山自然保护区是保护以长白山天池为中心的长白山核心区的自然环境和森林生态系统，可以说它是地球同纬度地带物种较多、生态系统良好的自然保护区，在保护区内野生植物 2540 种，动物 1508 种，其中脊椎动物 364 种，昆虫 780 多种。这些丰富的资源也造就了长白山地区的高质量旅游资源，但是长白山地区山势高耸，地形起伏变化大，自然环境复杂多样。从山下到山上随着海拔高度的增加，气候、土壤、生物等都发生明显变化，针阔混交林带、针叶林带、岳桦林带和高山苔原带依次呈现，而山顶则疾风重雾，几乎寸草不生。正是这种垂直植被景观带，仅仅从山脚到山顶的几十千米的距离就能够让游客感受到欧亚大陆从温带到极地的不同变化，景色由温带到寒带的变化。以长白山北景区为例，游客在游览的过程中并不是全程被限制活动的，除去部分路段为了方便游客上下山，会有导览车接送之外，部分景点是允许游客近距离观赏的，例如天池、长白山瀑布、高山花园、绿渊潭、地下森林等，这些景点都是对游客开放的，无论在旅游旺季还是在旅游淡季，游客对这些地区的影响都是不可避免的。长白山天池附近虽然建成了观光用的木质平台，但是仍然有很多游客选择在平台之外逗留观赏，在其他的景点中也制作了方便游客步行的栈道或是道路，但是仍然可以看到很多游客为了一时方便选择离开栈道或者道路，进入路线之外的区域，还有一些游客在高山花园中为了拍照留念进入花海当中取景，这些行为无疑对原始自然环境的森林、苔原、甚至是脆弱的土质产生了严重的破坏，日积月累后的变得更为明显，特别是高山苔原带的植被极其脆弱，一旦破坏很难修复。

长白山保护区虽然拥有丰富的生物物种资源和完整的生态系统，但是由于成土母质多为火山喷发后形成的火山灰，地表土层较薄，土质疏松，特别是随着海拔的变化气温明显降低，山顶雾天、风天较多，很多植物生长期较短，所以地表植被，例如高山苔原植被，一旦破坏不仅恢复极其困难，还有可能带来毁灭的严重后果。同时长白山保护区降水量较大，涵养水源的功能基本上由地表植被担当，如果植被的完整性被破坏，地区涵养水源的能力将大大降低，会出现水土流失甚至洪涝等自然灾害，相继而来的就是保护区内动植物链的破坏，保护区相对稳定的生态系统就会崩溃。

（五）北景区空气污染、水体污染和噪声问题增加

长白山景区内水资源丰富，天池、地下河、泉眼等都造就了长白山的旅游资源，但是近几年景区每年 8 月接待游客都突破百万人次，个别年份甚至突破 150 万人次，在这样的情况下，游客带来的垃圾、污水等废弃物的数量巨大。

长白山景区范围内的水体不仅包括景区内的地下水，还有裸露地表

的径流、潭水等，由于长白山天池附近土质疏松，所以景区近几年在此范围内的保护措施较大，天池周边植被保护良好，几乎没有污染，水质可以达到地表Ⅰ类水标准，但是随着地表径流的延展，经过相关人类活动区域后出现不同程度的水体问题，比如景区外围的二道白河浑浊度不断加剧，水质受到很大影响，大部分污染物为固体物质，水质是地表Ⅱ类水标准。如果继续向外围扩展，受到相关产业、生活区的影响，水体质量下降。例如从天池到白山湖沿线的工业废水较多，根本原因在于居民生活污水未得到正常处理，排入水体，导致水体污染严重，其重要地点在靖宇县城区。除上述情况外，农业生产使用的化肥、农药及农田水土流失也会造成水体污染，天池到白山湖段沿线的农民在从事耕作活动时都会造成这种影响。另外，自然水域虽存在自我修复和自我净化的能力，但是需要较长时间，由于严重缺水、水资源利用不合理，使寒葱沟在枯水季节水量减少，甚至出现了断流，这种问题在一定程度上影响了水体的自净能力，尤其是天池到二道白河这段距离为 50 千米的地段，就建设了 4 座小型水电站导致这种能力降低。

随着景区的发展，旅游者“食、住、行”成为旅游活动的重要内容，由于人类活动，建筑、生活污水以及固体垃圾未得到正常处理，进入江河，使水源污染严重，水质受到很大影响，同时在处理相关废弃物时，要消耗水资源，由于周边的地下水减少和无序的矿泉水开发，都导致了景区和外围的水体问题，特别是在部分时间段内长白山天池向下的瀑布、径流都出现减少或者断流现象。

长白山作为以森林、湿地生态系统为主的自然保护区，空气质量比其他地区要高。自然原始的空气质量是在自然生态系统的调解下产生的，绿色植物的光合作用产生氧气，负氧离子密度高，空气质量就好，但是人类旅游活动产生的噪声会使动物生活习性受到很大影响，改变动植物种群与生态，影响景区内的动物链和植物链。虽然长白山山门到景区内的各个景点之间的客运都是以电瓶车为主，但是也有部分迎合游客个人消费的越野车登顶的服务项目，这类车以燃油为主，而且景区周边的客运和民用车辆也会排放大量的尾气，旅游区内的宾馆取暖设备和其他设备废气都会导致空气质量下降。饮食行业的气体排放都会对景区产生影响。

二 长白山北景区旅游经济环境存在的问题

在旅游发展的过程中，自然环境和人文环境必然成为旅游的重要组成部分，在人文环境中社会、经济、政治等都会影响旅游，从旅游经济调控和运行的角度讲，旅游市场的变化能够反映出旅游产业和产品的问题和变化。从旅游市场角度讲，旅游经济活动正是以旅游产品为纽带连接起来的旅游供给与旅游需求之间的矛盾运动过程。在旅游市场内部，各种运行要素的有机组合就是旅游市场体系，构成旅游市场的需求体系、供给体系、产品体系和要素体系在时间和空间上有机结合成为相互影响的动态体系。

（一）需求体系中存在的问题

随着旅游业的发展，人们出游的目的也发生着变化，游客们正从单一的观光旅游、文化旅游进一步扩展到度假旅游、商务旅游、特种旅游等综合性旅游，旅游市场需求从经济型旅游正在向中高级消费发展。在组织形式上从传统的单一团队旅游向散客、团队和自助旅游相结合的多样性旅游发展。

长白山自然保护区中的旅游资源仍然以观光资源为主，在长白山北景区的度假旅游、商务旅游、特种旅游等形式的旅游资源很少，在景区周边的门户城镇当中也是如此，二道白河镇的发展速度跟不上旅游经济的发展速度，但是经济环境和自然环境是相辅相成的，一味追求经济环境而忽视自然环境也会适得其反。在旅游需求中，由于旅游者的经济条件的转好，众多游客不吝啬在旅游中的花费，但是需要得到相应的服务和尊重。长白山旅游景区范围内及周边并没有达到一些旅游者需求的标准，例如住宿问题亟待解决，离景点最近的城镇是与长白瀑布相隔50千米的二道白河镇，其与景区距离较远，离景区较近的酒店是在山门的旁边，虽然为游客提供了多种住宿选择，但是住宿成本较高，而且大部分客房都是由旅行社进行了预订，自助游的游客几乎无法预订，因此到长白山旅游的游客，在住宿的选择上，不得不选择距离景区较远的二道白河镇。2015年，规划管理区内酒店共347家，其中池北299家、池西20家。2015年，池北中心城区商业服务业用地64.08公顷，形成了以白山大街两侧商业为主的市级商业中心。目前全区商业服务设施种类较为齐全，但住宿、餐饮等商业设施在旅游旺季仍然较为紧缺。同时在旅游消费上存在的问题较多，旅游消费不合理、景区产品价格过高，导致游客诸多不满，使景区形象受到很大影响，这也是国内旅游区的普遍问题。长白山北景区存在物价不合理、一些个体业主宰客的现象，旅游消费市场规范化程度较低。景区市场利益主体约束机制不完善，旅游消费价格不合理，价格监督管理机制不完善，造成旅游者自身利益受到很大影响，也不利于保持该景区整体旅游形象。

（二）供给体系中存在的问题

长白山北景区的旅游自然资源丰富，但是在日趋增长的旅游需求面前，供给体系就面临挑战，为了满足日益扩大的旅游需求，由旅游经营者提供的旅游产品的总和构成了旅游市场的供给体系，该体系涉及传统的旅行社、景观业、餐饮业、旅游商品企业等，他们共同为旅游提供了供给力量，但是长白山北景区及周边在旅游供给上仍然存在诸多问题。交通是旅游活动当中的主要问题，交通通达度决定了景区的客流量与游客满意度。近年来，池北区域交通环境不断改善。长白山机场和长白山旅游环线等交通基础设施的建成，为区域旅游产业开发和经济社会发展提供了重要支撑，尤其是长春至长白山高速公路的全线贯通，极大地缩短了长白山特别是池北区与周边城市的交通时间。

1. 国际、国内航空运输力弱

长白山在国际、国内的知名度随着社会和经济的发展日渐提高，因此以旅游、研学等形式来到长白山的国内外人数大幅增加，选择航空出行的比率不断提高，虽然长白山机场建设已完成，但开通航线城市数量不多。机场位于长白山保护开发区池西区，虽然与北景区存在一定的距离，两者的距离达到了120千米，但我们可以发现，乘飞机赴长白山北景区的交通通达度不高。虽然该景区外部的旅游交通工具较多，但这些交通方式都存在一定的不足，尤其是航空运输必须进行中转，下机后仍然要乘坐公路交通工具。

2. 国内陆运便捷度发展存在“最后一公里”问题

长白山北景区陆路交通不能够直达景区内部，因此出现了“最后一公里”问题。近几年陆运交通中的公路交通通达度不断提高，修建了多条高速公路，在一定程度上提高了该景区的交通效率，但是仍然有一段距离需要通过国道来完成；而铁路运输首先要经由二道白河镇才能进入该景区，最后乘坐公路交通工具至景区山门。

（1）国内铁路运输

除部分国内游客选择飞机旅行外，还有一大部分游客会选择铁路交通，但是到达长白山景区不同的主峰，选择的铁路也不一样，北景区位于长白山保护开发区池北区，铁路终站为“白河站”；西景区位于长白山保护开发区池西区，铁路终站为“松江河站”；南景区位于长白山保护开发区池南区，距离南景区最近的城镇是长白县，并无铁路终站。三个景区之间的只有北景区和西景区能够火车联通，但也是以普快和快速两种车型为主，大多为慢车，旅途耗时较长，虽然 2017 年开工建设由吉林省延边朝鲜族自治州的敦化通往长白山脚下的二道白河镇的首条高速铁路，但是建设工期 4 年，近几年仍然需要重视“最后一公里”的问题。

（2）高速公路和国道情况

长白山景区在汽车交通上和以前比有很大提升，但是并没有完全解决旅游交通问题。北方各主要城市皆有客车前往松江河镇和二道白河镇，但是班次不多，大多数情况下需要提前购票。若游客选择自驾游，到达北景区和西景区都有高速公路和国道结合，如周边的 201 国道、202 国道，同时也有部分二级公路，如 302 线，高速公路有沈吉高速、抚长高速、营松高速、珲乌高速、鹤大高速等，但是这些都需结合国道和二级公路才能最终到达长白山景区山门附近，同时由于东北的气候条件，季节性太明显，冬季不适合由公路进山。

3. 旅游景区内运输情况有待提升

近几年，考虑到交通安全和环境问题，已经控制车辆直接到达景区山门，因此景区内部配备了公共交通工具，如大巴、公交车等。如果是去天池景区则首先采用专门越野车，这些交通基础设施不完善，尤其是旅游大巴无法完全满足游客需求，甚至与客流规律不相适应，客流量较大时，游客等车时间过长，造成了游客对景区的不满，影响了景区的正常发展，同时景区内交通路线转弯路段较多，车辆近距离会车较多，造成危险系数增加。

（三）旅游市场产品体系中存在的问题

目前，长白山旅游产品略显传统陈旧，鉴于长白山属于国家自然保护区，开发新产品应该注重产品的多元化，开展旅游产品开发，同时符合国家生态标准。

长白山历史悠久，文化底蕴深厚，国际影响力较大，但在旅游文化资源利用上存在很大问题，尤其是景区特色化的民俗文化娱乐性资源利用效率低下，旅游资源开发不合理，文化品位不高，娱乐性活动相对较少，而且旅游配套基础设施不完善、餐饮无法满足游客的基本需求；旅游高峰期景区客流量呈现出不断上升的趋势，景区承载力不足。因此，首先要从可持续发展角度分析该景区旅游项目发展过程中存在的不足，并采取措施解决这些问题。

1. 旅游产品定位低，市场单一

作为旅游产品开发三大组成部分的旅游资源，该景区仅仅完成了第一步的开发建设，尚未得到完全开发，旅游项目游客参与积极性不高，而层次较高的旅游资源仅仅推出了观光旅游型产品，从而导致该景区旅游产品质量不断下降，使景区品位受到很大影响。目前来看，虽然长白山旅游资源品位极高，但由于旅游产品是一个综合体，是旅游者在一次旅行过程中所需要的所有服务总和，目前长白山旅游产品还只能算是初级产品。

近几年，生态、民俗、乡村、文化等旅游方式保持良好的发展趋势，旅游产品市场份额不断扩大。从属性上划分，长白山景区旅游属于生态旅游的范畴。虽然该地区景点数量庞大，包括天池、瀑布等自然资源，个性化特色鲜明，但就旅游资源的经济价值来看，该景区旅游项目主要以观光旅游为主，旅游产品较少，且项目形式单一。如果能够将经典与民俗、文化传统相结合，进行人文历史遗迹、文化古迹展示，则有利于提升旅游产品影响力，提高旅游产品价值，吸引更多的游客，促进该景区发展。虽然该景区自然生态资源未得到充分利用，但只要制定科学的发展规划，加强景区组织管理，扩大旅游产品开发力度，就能实现景区的可持续发展。

2. 旅游资源丰富，但开发内容有限

长白山是欧亚大陆北半部最具代表性的典型自然综合体，20 世纪 90 年代，该地区获得国家批准，成为国家级自然保护区。2002 年，国家旅游局将该景区纳入“AAAAA”级旅游区。2003 年，该地区入榜中华十大名山之一。该景区是全球少有的天然博物馆和生物基因库。长白山地貌奇特、动植物资源丰富，森林生态系统完整，冰雪风光、温泉、瀑布特色鲜明，但是由于对旅游资源的挖掘不够，导致景区以观光型产品为主，同时在没有系统完整的旅游规划指导下，开发建设呈粗放状态，经营管理手段落后，客源市场调查及市场导向不足，旅游产品的设计方式雷同，缺乏鲜明个性和特色，这些都使本身旅游资源丰富的长白山出现了景区缺乏娱乐互动体验项目，缺少文化概念，游客缺少参与感。

3. 人文传承丰富，但旅游产品文化内涵缺失

长白山地区属于东北人文传承丰富的地区，从春秋、战国到隋唐、辽金，很多的人文传承存在于此，并且这里民族风情浓郁，因此，近几年长白山的生态、民俗、乡村、文化等旅游方式尽显风采，一直保持良好的发展趋势，旅游产品市场份额不断扩大。本地区虽然有丰富的人文传承氛围，但是在旅游产品开发中没有充分利用这一优势，人文旅游产品缺少文化内涵的挖掘。关东文化、森林文化、满族文化、朝鲜族文化等文化并没有被融入文旅产品中，存在重自然资源旅游，轻人文资源开发利用，没有形成文化旅游体系，另外，本地区的文化内涵挖掘需要各方面合作，共同打造高层次的旅游产品。

（四）旅游市场要素体系中存在的问题

旅游市场要素体系不仅包括旅游产品的资源、资金、技术和劳动力旅游等生产要素，也包括构成整体旅游产品的食、住、行、游、购、娱等服务要素。该体系是服务、生产要素的结合，能够丰富旅游产品形式、保证旅游产品的正常供给。长白山旅游市场要素中存在诸多问题，随着旅游业的发展，人们出游的目的也发生着变化，在旅游需求中由于旅游者的经济条件转好，众多游客不吝啬在旅游中的花费，但需要得到相应的服务和尊重，长白山旅游景区及周边目前商业服务设施种类较为齐全，但住宿、餐饮等商业设施在旅游旺季仍较为紧缺，主要原因是景区开发时间较早，基础设施不完善，所以随着旅游市场发展速度不断加快，以及游客需求多元化趋势明显，长白山北景区旅游业发展过程中出现了很多问题，其中基础设施不完善，服务人员较少、服务水平差，礼仪不到位等问题严重。比如一些设备未及

时保养，无法满足景区旅游业发展需求，景区工作人员也未做好管护工作、保养不当；服务体系不完善，无法进行有效衔接，服务差异化特色不明显，无法满足游客需求；还有个别服务人员素质低下，难以保证服务质量等。面对这些问题，景区需要通过培训提高景区服务人员业务能力和服务水平，使其树立良好的服务理念，学习更多的服务专业知识，保持良好的服务态度，给游客留下良好的第一印象，有利于提升景区形象，这对于景区的可持续发展具有重要意义。景区工作人员个人的道德素质和服务水平是景区服务质量的关键因素，需要加以重视，注重景区工作人员道德素质的提升，使工作人员不断学习，弥补自身的不足，为景区创造良好的工作环境，促进景区发展。同时，也要加强景区环境治理，不断完善景区基础设施，扩大景区教育宣传力度，使游客树立良好的景区旅游环境保护意识，才能促进景区发展，也有利于提高景区旅游产品价值。

长白山景区诸多服务要素体系的问题同供需体系中出现的问题较为类似，在旅游六大要素“食、住、行、游、购、娱”中现阶段都存在着一些掣肘旅游经济发展的情况，例如在“住”的方面，很多游客在去长白山以前，特别是没有去过的游客，首先需要寻找住宿地点，长白山北坡附近的宾馆住宿和二道白河镇等区域的住宿信息匮乏，很多人在咨询的时候还会出现一些偏差，造成住宿困难的情况。景区内部住宿的资源更是稀缺，仅有的几个酒店也是比较昂贵，部分游客倾向选择经济实惠的，特别是团队或自助旅游群体；在“食”的方面，很多地方都是围绕东北特色，但是也需要考虑来自各地游客的实际需求，有个别地方出现不合规矩的“价格过高”的情况；在“行”的方面，长白山旅游景区要接待来自世界各地的游客，长白山机场接待量不大，航班数量和航运线路较少，周边陆运以客车、自驾车为主，运输量也不是很大，并且陆运在山区也存在危险，特别是在旅游高峰季节，容易出现拥堵情况，在景区内部的陆运虽然由景区统一管理，但是不能达到全程便捷，存在“最后一公里”问题；在“游”的方面，虽然长白山景区内旅游资源丰富，但是由于自然承载力的限制，并不是所有的旅游资源都得到了开发利用，相关的人文、民俗、文化等资源开发有限，缺少与大旅游景区相对应的合理规划方案；在“购”的方面，长白山景区及周边地区，旅游产品、旅游商品等没有地域特点，缺少自己的特色，存在一些市场不正规的问题；在“娱”的方面，长白山景区周边可供游客娱乐的项目和设施有限，这些也是由于长白山景区是以自然资源为主的景区，以生态旅游项目为主，这就需要合理规划设计本地区的娱乐旅游项目。因此需要合理地发展旅游经济环境，促进长白山北景区及周边城镇的发展，提高经济环境承载力的限度。

三 长白山地区管理体制遗留问题较多

（一）区域内外政府机构之间出现的问题

2005年，吉林省委制定了多个政策来保护长白山自然保护区，充分发挥吉林省旅游优势，并针对该景区制定发展规划，加大保护力度，成立长白山保护开发区管委会（以下简称“管委会”），级别为副厅级，在2006年吉林省又将其升格为正厅级，但它并非法定的一级政府，包括国土资源、统计数据等仍然要走安图县等周边县的口径，虽然在吉林省统计口径中将管委会单独列支，但管委会并不在全省的统计范围之中明确，即便在地图上也没有管委会这个行政区划，中央、省、市、县、乡镇才是法定政府。2005年省政府划界时，将长白山自然保护区连同安图县、抚松县、长白县等部分乡镇和区域统一划归管委会，由此管委会管辖区域面积约为6718平方千米。不过，此次划归的区域并非集中连片，而是单独把周边县的部分区域单独划出，彼此间的行政地域具有众多交叉，特别是在行政区划中交叉的还有商业、司法、交通等内容，而列举出来的几类又出现了众多的干扰因素，例如旅游中的出租车所谓的“越界”问题，导致一些此类问题。另外，从商业经济角度讲，长白山管委会将原本属于三个县的主要旅游资源、收入、税收等拿走，对周边县的经济影响也很大。

（二）长白山自然资源分配不均导致的旅游经济问题

吉林省政府为了集中力量保护和开发长白山，将长白朝鲜族自治县境内的长白山三个景区及部分乡镇集体划归到长白山保护开发区管委会管理，原本三个县的竞争变成了正厅级管委会一家独大，资源独揽。三个县的主要旅游资源都是长白山，管委会的成立将门票、税收等全部收缴，对三个县的损失不言而喻，旅游经济矛盾也由此产生。

管委会从旅游经济角度讲对长白山的旅游资源确实具有重要的指挥和建设权力，但是周边三县也需要依靠长白山的旅游资源，特别是长白山景区内的住宿、餐饮等旅游要素不能满足游客，周边三县可以成为长白山旅游景区的游客集散地，在这些旅游供给市场中收获各自的旅游经济效益，但是由于旅游经济对地方经济的贡献力较高，各区政府都采取各种方法招徕游客，政策出台必将带有地方保护的因素，可能出现不当的竞争方式，这些都会导致问题和矛盾的出现，进而使各地政府机构之间的问题出现。

长白山周边三县在本区的行政范围内存在问题，例如抚松县招商引资落地的万达国际旅游度假区，因为中央环保督察组进驻吉林省后对长白山景区督察，发现违规的“高尔夫球场、别墅群”后勒令拆除，引发当地自上而下的环保治理风暴和人事震荡。

虽然长白山管委会是省政府派出的正厅级机构，但是它不能领导和管理其管辖范围内的县域，为了能够推动各自地区的旅游经济发展，管委会同周边县域缺少实质性的合理沟通和计划，也缺少省政府部门的协调，此类由于旅游资源分配不均造成的经济问题仍然会出现并影响地区的稳定和经济增长。

四　旅游城镇化建设方面存在的问题

（一）生态保护压力逐渐增大

每个发展迅速的旅游地区都存在生命周期，不仅体现在旅游产品上，可以体现在周边地区城市、乡镇的建设变化中，由此带来旅游景区及周边地区的城镇化发展，但是城镇化的过程会对原始的自然资源和自然生态系统造成威胁，导致生态保护压力增大，并且它的进程对自然生态系统的胁迫随着粗放经济的发展而日益严重。

1. 自然植被的破坏

在长白山景区及周边开展城镇化建设，由于景区建筑、交通占用大面积的土地，使大部分植被未得到良好保护或者移栽，严重影响了本地区的植物群落，例如万达集团兴建的别墅群和高尔夫球场等违规建设的情况。长白山景区周边近几年为了能够满足游客的各方面需求，城镇化建设过于迅速，必将影响自然环境生态的可持续发展。

2. 农林土地的不合理占用

由于长白山地区以农用地和林地为主，在城镇化建设过程中，相关基础设施、交通设施、生活设施建设必然要占用土地，并挤占其他类型用地。林地能为野生动物提供栖息地，改善生态环境，促进景区的自我调节。改变了土地的用途后，将使周边的生态环境受到很大影响。

3. 土地退化和水土流失加剧

长白山景区内及周边的城镇化必将带来大量的人口流动，这个过程中出现的大量污染物，包括污水、废气、废物等都将对土壤质量造成严重的破坏，特别是景区内由于人为原因造成的污染物处理不当等情况都使土地质量不断下降，林地、苔原等退化趋势更加明显。景区内由于植被的破坏及大量设施的兴建也会使景区出现地面硬化、水土流失情况。景区内非交通道路的践踏干扰，也使部分植被退化，形成斑块或条带状裸地，从而加重了水土流失。

4. 生物多样性破坏

通常城镇化过程中会对各种原始生物群落造成破坏，并且产生不可逆转的损毁，这个过程包括了直接破坏、生存环境恶化等情况，由于人类的活动致使大部分生物数量呈现出不断下降的趋势，甚至濒临灭绝，生物多样性遭到破坏，所以众多的原始自然保护区对生物的保护格外重视。长白山周边地区致力于打造绿色生态小镇，但是在城镇的绿化工程种植的植被存在单一性。如果未制定植被生态系统服务功能恢复计划，就无法产生良好的生态系统恢复效果，也无法为绿色生态环境建设提供支持。

（二）经济发展格局不完善

在城镇化发展的过程中，城镇化带动了当地的经济发展，旅游经济格局中的相关组成部分也会在城镇化中得以体现，目前长白山地区旅游经济仍然达不到统一协调、和谐发展的状态，旅游业相关企业的发展在不同城镇也不尽相同。长白山管委会在发展过程中影响到了周边三县的发展，目前已开发的北坡、西坡、南坡都开始稳定发展，但周边县域都各自为战，有自己的经营范式，无法形成大格局的经济发展模式。

周边三县都有自己的旅游机构，大到政府部门，小到中介机构，都为了自身的经济效益在做工作，比如旅行社在宣传时都是从自己县域角度引导游客，而长白山景区的大环境较一致，旅游商品缺少独特性，所以各个县域的旅游商品极具相似性。

除此之外，长白山景区的大规划、三区联动，以及周边新开发的旅游产品规模小、数量少，周边区域的旅游资源需要交通来连接，可是长白山及周边城镇化导致交通需求、供给矛盾加剧，是交通发展造成环境遭到严重破坏，甚至影响游客安全，并增加了居民的出行时间和成本，居民生活受到很大影响。尤其是在进入景区的道路上交通堵塞使交通事故频发，景区更加拥挤。加之长白山周边的县域界线等问题影响长白山旅游经济格局的发展。

（三）城镇管理体制问题

2005年，吉林省委制定了多个政策保护长白山自然保护区，充分发挥吉林省旅游优势，并针对该景区制定发展规划，加大保护力度。根据省委会议有关决定，成立专门的长白山管委会，为该景区环境保护工作提供支持，随后，吉林省又将其升格为正厅级。管委会下设池西、池北、池南三个经济管理区，级别为县处级。

吉林省政府划界时，将长白山自然保护区连同安图县、抚松县、长白县等部分乡镇和区域统一划归长白山管委会，管委会管辖区域面积约为6718平方千米。不过，由于划归的区域并非集中连片，而是把周边县的部分区域单独划了出来，彼此之间行政和地域交叉现象层出不穷。

长白山虽然地处抚松县、长白县、安图县境内，但从行政划分上则属于长白山保护开发区管委会管理，相应的旅游资源收入也划至管委会。根据省委、省政府指示，长白山管委会享有相应的管辖权，但由于管理体制不完善，因此在规划指导、用地审批上无法协调，导致项目建设无法正常开展。

周边三县的主要旅游资源都是长白山，长白山管委会的成立将门票、税收等经济来源掌控，直接造成了周边三县的地方经济损失，城镇管理体制带来的矛盾也由此诞生。周边县在交通运输管理、旅游资源分配、劳动力转移、就业问题较多，管理难度较大，管委会的成立无法起到促进周边地区发展的作用，带动发展动力不足。

第四节 本章小结

本章通过对长白山地区的自然环境、经济环境、体制管理沿革、城镇化建设等方面的分析，梳理出长白山北景区旅游环境的现状及发展中存在的问题。

在自然环境方面，长白山北景区自然环境承载压力较大，自然资源的不合理开发和人类活动带来对生态环境的压力。

第一，景区过度开发致使森林和湿地破坏严重，景区内进行人工建设等活动造成生物物种消失、水土流失、水资源枯竭等情况。

第二，景区的矿泉水及地下水开采过度，由于该景区为国家生态环境重点保护区，矿泉水是该地区的重要影响因子，开发利用不合理，远远超出了景区自身的承载力，从而导致本区内的矿泉水和地下水资源都受到影响，也影响了景区的可持续发展。

第三，景区内的垃圾影响环境，进而制约景区发展。伴随着经济发展，人类活动产生的废弃物也成为环境可持续发展的重要影响因子，长白山景区内和景区外围地区的废弃物、垃圾等都影响到了景区的生态环境，垃圾废物对周围的水体、植被等环境造成了影响。

第四，部分游客的不良行为导致高山苔原等植被带破坏严重，在长白山天池附近等旅游景点处虽然搭建了木质观光平台和栈道，但是仍然有很多游客选择在平台和栈道之外逗留观赏，这种行为对原始森林、苔原，甚至是脆弱的土质产生了严重的破坏。

第五，景区内和外围的气体、水体、噪声问题增加，长白山景区天池周边水质较好，但是景区外围的二道白河浑浊度增加，水质变差，污染物以固体物质为主。随着景区的发展，建筑、工厂、饭店产生的污水进入河流，使水源污染严重，甚至影响当地的水质。

第六，长白山作为以森林、湿地生态系统为主的自然保护区，空气质量比其他地区高，但是人类旅游活动与公共交通噪声使动物生活习性受到很大影响，最终导致改变动植物种群。

在经济环境方面，该景区旅游经济环境问题较多，长白山旅游市场的需求体系、供给体系、产品体系和要素体系在时间和空间上是相互影响的动态体系，景区在这几方面都存在问题。

第一，需求体系中存在的问题。长白山旅游北景区内及周边并没有达到旅游者的需求标准，目前全区商业服务设施种类较为齐全，但住宿、餐饮等商业设施在旅游旺季仍然较为紧缺。

第二，供给体系中存在的问题。长白山北景区及周边航空运输力较弱，国内陆运存在“最后一公里”问题，旅游景区内运输情况有待提升。

第三，旅游市场产品体系中存在的问题。长白山旅游市场产品仍然略显传统，景区缺乏娱乐互动体验项目，缺少文化内涵，游客缺少参与感等问题。

第四，旅游市场要素体系中存在的问题，在旅游六大要素“食、住、行、游、购、娱”中都存在着一些现阶段掣肘本地区旅游经济发展的情况。合理发展的旅游经济环境，不仅能够促进长白山北景区及周边城镇的经济发展，更能够提高经济环境承载力的限度。

在管理体制方面，长白山地区管理体制遗留问题较多，政府机构、旅游部门中出现的管理体制问题也影响着地区旅游经济的发展。

在城镇化建设方面，生态保护压力逐渐增大，大经济发展格局不完善。在城镇化发展的过程中，城镇经济必然被带动，但城镇管理体制问题突出，长白山管委会与周边三县在旅游资源分配、税收、旅游收入等方面存在矛盾，制约了该地区的发展。

第四章

长白山北景区旅游环境承载力评价体系

第一节　评价指标体系

一　指标体系构建的总体思路与流程

（一）指标体系构建的总体思路

指标体系的构建和评价方法的选择是评价旅游环境承载力是否科学、准确的前提和依据，但是目前我国学者在旅游环境承载力指标体系及其评价方法的选择上存在着一定的误区，过分重视系统动力学、BP神经网络或模糊综合评价等数学方法在旅游环境承载力的定量评价上的应用，而在旅游环境承载力指标体系的定性指标的选择上缺乏足够的重视，多凭个人经验进行评价指标的选定，从供给或需求单一的维度构建评价指标体系，缺乏指标体系构建的理论依据，导致评价指标过于经验化，不够完善和系统。本书从旅游环境承载力的内涵与特性入手，利用旅游系统论、人地关系理论、可持续发展、生态脆弱性理论、旅游生命周期理论等相关理论，从“供给—需求”双重维度，构建长白山北景区旅游环境承载力指标体系。在供给上，旅游环境承载基体由“生态—经济—社会”复合系统组成；在需求上，旅游承载客体主要体现在旅游者的心理感知。因此，旅游环境承载力的指标体系由生态环境承载力、经济环境承载力、社会环境承载力和心理环境承载力四个方面构成更为合理。

（二）指标体系构建的流程

本书根据旅游环境承载力指标体系构建的总体思路，确定旅游环境承载力评价指标体系构建的总体流程，如图 4-1 所示。

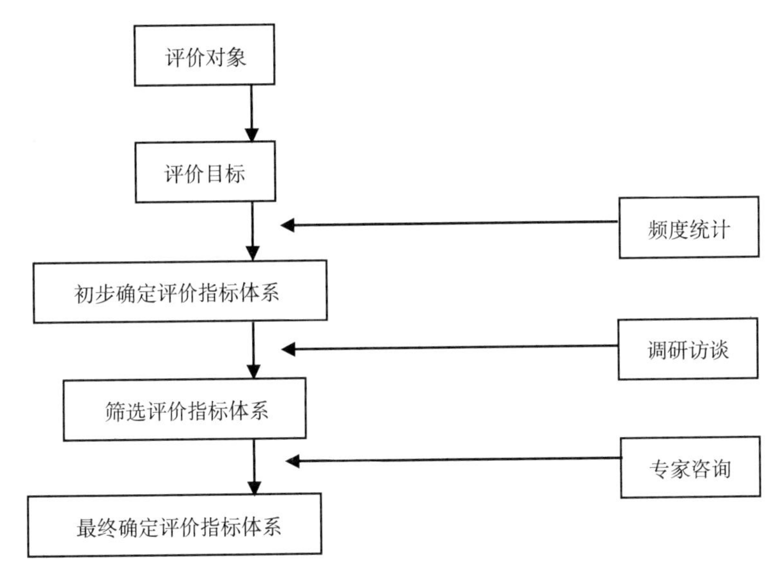

图 4-1　旅游环境承载力评价指标体系构建总体流程

旅游环境承载力评价指标体系的构建分为以下几个步骤，第一，确定评价对象。第二，确定评价目标。第三，初步确定评价指标体系。总结旅游环境承载力基本概念和基本理论，分析系统中的社会环境、经济环境、生态环境和心理环境等子系统的组成，并根据指标构建的原则，利用频度统计的方法，对现阶段山岳型旅游环境承载力研究指标做频度统计，选择使用次数较多的指标，形成了初步评价指标体系。第四，筛选评价指标体系。采用调研访谈的方法，与各大研究机构、吉林省旅游局、长白山管委会的部门领导、长白山北景区的基层员工进行深入的研讨和座谈，充分听取专家意见，对初选指标进行筛选，确定评价指标体系。第五，最终确定评价指标体系。采用专家咨询的方法，根据评价指标，充分听取专家意见，不断调整研究指标，经过多次筛选最终形成长白山北景区旅游环境承载力的评价指标体系。

二　指标体系构建原则

指标是反映系统总体现象的特定概念和具体数值的综合，从数量方面体现出系统的特征和属性。指标的主要作用是快速而准确地让人们了解系统的发展变化。想要准确地反映系统的发展变化，就要选择准确的指标。由于系统非常庞大和复杂，学者将指标划分为定性指标和定量指标两种。另外由于学者的研究视角和研究侧重点存在一定的差异，所以指标就会存在差异，有一定的层次性。一个具体指标之所以能够具有较强的代表性，是因为它不仅能够反映系统某一特定方面的特征，而且具有一定的综合性、系统性和准确性。旅游环境承载力研究中的指标不仅要满足以上基本特征，还需要具有评价和预警的功能，因此指标要具有通用性、动态性和地域性。综上所述，旅游环境承载力评价指标，主要是指多个相互关联、相互影响的评价指标构成的有机整体，是环境承载力数据分析的重要计量尺度。根据指标基本原则，除保证指标的科学性、代表性和可操作性外，还要保证旅游环境承载力评价指标的通用性、地域性和动态性，使长白山旅游环境承载力的评价能够客观准确，符合旅游发展的规律和方向。

（一）科学性

长白山北景区生态旅游环境承载力评价指标的选择要明确指标的具体含义，科学性是指标选取的重要依据。指标的科学性具体表现在两个方面，一是确定指标的目标值，二是确定指标的权重系数。指标的目标值主要包括两个类型特有指标的目标值：一类指标是有具体的参考标准，需要科学地参照国家或者行业制定的标准；另一类指标由于未制定具体的参考标准，需要采取纵向比较法，在确定目标值过程中，先要保证该指标控制在最低，而对于变化较快的目标值，则需要对其做准确预测。指标权重系数的确定也需要具有科学性，权重系数的确定由于受到个人主观因素的影响，会存在一定的误差，需要采取科学的方法将其控制在最低的范围内，运用现代数学方法确定指标与目标值的差距，可以采取专家调查法。因此，为了得到客观而准确的评价结果，在指标的选择上就要保证科学性，建立能够适应旅游环境发展的测评指标体系。

（二）代表性

旅游环境承载力评价指标体系中指标的选取至关重要，由于涉及社会环境系统、经济环境系统和自然环境系统各个方面，并且每个环境系统要考虑的重点也各不相同，各指标之间既有一定的关联性，也存在一定的差异，因此，在确定评价指标过程中，指标的选取要能够体现研究对象的客观属性，具有一定的代表性。长白山自然保护区由于是保护区性质的景区，在发展旅游业的同时一直注重景区的生态环境保护，始终以生态旅游为景区发展的主要方向，因此在进行环境承载力测评时，指标的选取要能反映出社会环境、经济环境和自然环境每个方面特色，选取最能体现该测评体系的指标，采用理论组成法、调研访谈法、频度分析法进行指标的初选，采用专家打分法对初选指标进行筛选，在此基础上，最终确定了长白山北景区旅游环境承载力的评价指标体系。

（三）可操作性

设计旅游环境承载力评价指标体系，在指标的选取上，除了要具有科学性和代表性以外，还要具有可操作性，有利于指标体系的应用和推广。现阶段，获取旅游相关数据的渠道相对单一，对长白山北景区的旅游环境承载力进行系统研究，在基础资料有限的情况下，如何获得准确的评估结果，指标的选取非常重要，不应因为指标群过于庞大而无法操作。因此指标的选取尽量简化，可操作，尤其是对于数据的采集，要做到两点，一是保证数据的准确性，二是保证数据的可操作性。

（四）通用性

在建立环境承载力具体指标过程中，为了指标体系在各个地区的可对比性，需要尽量在科学层面建立具有普适性的指标体系，以便在特定的空间内自然、生态、社会经济发展状况相近的地域，可以进行衡量和比较。因此本书就是通过文献研究，对现阶段山岳型旅游环境承载力研究指标做频度统计，确定了研究文献当中频率较多的指标，尽量在科学层面建立具有普适性的指标体系。

（五）地域性

在保证通用性的同时，需要适当考虑各地区的地域差异。由于自然环境、社会经济、文化发展的影响，各旅游地社会经济发展水平、旅游资源、目的地环境承载力等方面存在差异，各地自然保护区的旅游业发展方向存在一定差异，区域特色明显，使旅游环境系统的指标体系也同样具有明显的地域特征，这就需要制定能够反映生态旅游区域的“特色指标”。长白山北景区旅游环境承载力的评价指标体系是在明确环境承载力的基本特征和内涵的基础上对指标做具体分析，为了对长白山北景区的“特色指标”能有准确地把控，指标的选取充分听取了专家意见，与各大研究机构、吉林省旅游局、长白山管委会的部门领导和长白山北景区的基层员工进行深入的研讨和座谈，不断调整，使长白山北景区旅游环境承载力的评价指标体系具有地域特色。

（六）动态性

旅游环境系统呈现出动态变化的特点，而该系统当中的内部结构与要素的变化，随着时间发展而变化，因此，对于该系统环境承载力基本指标也需要反映季节变化，根据当地实际情况反映旅游环境系统的动态变化特征。长白山北景区旅游环境承载力的评价指标体系就是考虑了淡旺季，由于长白山旅游淡旺季非常明显，每年的 6 月、7 月、8 月是旅游的旺季，旅游人数是旅游淡季的几倍甚至十几倍，因此，为了得出客观准确的结果，对淡旺季的数据分别进行赋值处理，从而反映旅游环境系统的动态变化特征。

三 指标体系筛选方法

（一）理论组成法

总结旅游环境承载力基本概念和基本理论，分析系统社会环境、经济环境、生态环境和心理环境等子系统的组成，建立符合理论概念的指标体系框架，包括多个发展目标，层次结构清晰的综合评价重要组成部分。

（二）调研访谈法

为了获取各方评价指标基本思路、确定具体的研究指标，笔者听取专家意见，与各大研究机构、吉林省旅游局、长白山管委会的部门领导、长白山北景区的基层员工进行深入的研讨和座谈，通过走访和调研获取相关资料并进行指标的筛选，在数据收集上，将知网的数据库与其他多种数据收集方式相结合。

（三）频度分析法

频度分析法主要指对现阶段山岳型旅游环境承载力研究指标做频度统计，在研究过程中，主要选择使用次数较多的指标。本书确定了研究文献当中频率较多的指标，从而使长白山北景区的旅游环境承载力评价指标体系具有通用性，在特定的空间内自然、生态、社会经济发展状况相近的地域，可以进行衡量和比较。

（四）专家打分法

指标体系的初步建立是通过理论分析法明确环境承载力的基本特征、内涵等，对指标做具体分析，然后以专家咨询法为主，根据初选的评价指标，听取专家意见，不断调整研究指标，通过专家打分筛选出具有地域特色的、动态性指标，同时将多种研究方法相结合，形成长白山北景区旅游环境承载力的评价指标。

四　评价指标体系的架构

（一）评价指标的筛选与说明

旅游环境承载力评价指标体系，要从整体上反映出景区所能容纳的旅游者数量和旅游活动强度。因此，广泛收集国内外有关生态旅游和环境承载力评价指标的研究资料，并按照指标基本原则，针对该景区现阶段的发展状况以及存在的不足，参考国内外研究成果，通过分析目的地旅游环境承载力影响因素，确定该景区旅游环境承载力包括四个组成部分，即生态环境、经济环境、社会环境，心理环境，并按照景区实际情况提出建议性的测算公式。

（二）评价指标体系的框架

长白山北景区环境承载力评估指标体系，是一个由长白山北景区系统以及其他多个系统共同组成的复合开放系统。按照指标具体评估原则，建立长白山北景区环境承载力评估指标体系，由“目标层”“准则层”和“指标层”三个层次构成，共包含 4 个方面的 20 个具体指标，如表 4-1 所示。具体而言，第一层次为“目标层”，即总目标长白山北景区旅游环境承载力；第二层次为“准则层”，分解为经济环境承载力、生态环境承载力、社会环境承载力、心理承载力四个组成部分，代表着该景区环境承载力基本准则的差异；第三层次为“指标层”，是在第二层次“准则层”基础上的指标综合，将指标采取具体的量化方式，并对各个要素进行动态监测，是判断该景区旅游环境承载力水平的重要元素。

表 4-1　　长白山北景区旅游环境承载力评价指标体系

目标层	准则层	指标层
长白山北景区旅游环境承载力	经济环境承载力	（1）旅游产业贡献率 （2）旅游产出投入比 （3）交通运载能力 （4）供水能力 （5）住宿接待能力 （6）餐饮接待能力 （7）生活污水处理率 （8）固体废物处理率
	生态环境承载力	（1）森林覆盖率 （2）生物多样性指数 （3）旅游气候舒适期 （4）水体水质达标率 （5）空气污染指数 （6）噪声污染指数
	社会环境承载力	（1）游居指数 （2）当地居民环保意识 （3）地域文化独特性
	心理承载力	（1）游客对景区拥挤度的评价 （2）游客对景区满意度的评价 （3）游客投诉率

（三）指标的设置与测算方法

通过对国内外文献的深入研究，梳理旅游环境承载力评价体系构建的维度和主要的常用指标，在多次实地调研的基础上，针对长白山北景区旅游发展的实际状况，确定该景区旅游环境承载力评价指标体系，共有四个维度，即经济环境承载力、生态环境承载力、社会环境承载力和心理承载力，每个维度下都有不同数量的指标，确定这些指标，有利于为该景区旅游业发展实践提供参考依据。

1. 经济环境承载力

经济环境承载力是旅游地在某一特殊时期内，旅游业发展中涉及的相关行业和部门的人口数量、组成以及经济发展程度对旅游活动的影响并使其所能接受的承载能力。旅游业涉及食、住、行、游、购、娱诸多方面，综合性较强，在旅游发展过程中相关行业都直接或者间接为其提供了支持，这种支持既包括由景区管理、导游服务、餐饮住宿、购物娱乐等组成的服务机构，同时也包括由交通运输和水电供给等组成的公共服务设施。经济环境承载力的评价指标共设定 8 个指标，具体如下：

（1）旅游产业贡献率。旅游产业贡献率 = 旅游业当年创造经济效益/当年 GDP×100%，旅游产业贡献率是旅游业当年创造经济效益占当年 GDP 的比重，该指标反映了旅游业经济发展状况在区域生产当中的重要作用，指标数值越大说明旅游产业贡献率越大，指标数值越小说明旅游产业贡献率越小。

（2）旅游业产出投入比。旅游业产出投入比=旅游业经营收入/旅游业投入总额×100%，旅游业产出投入比是旅游业经营收入占旅游业投入总额的比重，该指标呈现出旅游业经济效益，旅游业产出投入比数值越大说明该地区旅游业的经济效益越好，旅游业产出投入比数值越小说明该地区旅游业的经济效益越差。

（3）交通运载能力。这一指标主要用于判断景区交通通达性以及旅游基础设施种类和数量，包括陆运、空运、水运等交通运输的统计，火车、汽车、船、飞机的数量情况，资料的统计主要包括每年输送旅客的总人数。旅游发展的一个制约因素就是景区的可进入性，因此，交通的运载能力是一个非常重要的指标，交通运输的种类越多，运输量越大，交通运载能力就越强，有利于旅游发展，反之，交通运输的种类越单一，运输量越小，交通运载能力就越弱，不利于旅游发展。

（4）供水能力。这一指标反映了景区的供水能力，主要指景区年供水量以及人均供水量的变化。供水能力指标一般用人均日需水量来计。

（5）住宿接待能力。这一指标反映了景区接待游客住宿的能力，主要包括酒店的等级、规模、数量以及酒店的设施等情况，住宿接待能力以客房出租率为标准进行衡量。景区酒店的等级规模越齐全，数量越多，基础设施越好，其住宿的接待能力就越强。反之，住宿接待能力就越弱。

（6）餐饮接待能力。这一指标反映了景区接待游客饮食的能力，主要包括饭店和餐馆的等级、规模和数量以及卫生情况和服务员的服务质量等，餐饮接待能力主要用餐饮饭店的满座率来衡量。

（7）生活污水处理率。生活污水处理率=可处理的生活污水量/污水总量×100%，生活污水处理率是可处理的生活污水量占污水总量的比重，在环境污水整治的过程中，生活污水处理率越高，旅游区的环境相对就越好，旅游区生活污水处理指标以当地数据作为参考标准。

（8）固体废物处理率。固体废物处理率=可处理固体垃圾总量/固体垃圾总量×100%，固体废物处理率是可处理固体垃圾总量占固体垃圾总量的比重，以当年统计数据为准。在环境整治的过程中，固体废物处理率越高，旅游区的环境就越好，此指标能够衡量景区内旅游者在旅游活动全过程中产生的固体垃圾废物处理的能力。

2. 生态环境承载力

环境是生态旅游发展的前提和保障，生态旅游活动的开展就是充分利用生态环境为游客提供更好的体验的过程。好的生态环境可以给旅游者提供非常满意的旅游体验，在开展旅游活动过程中势必要对环境造成破坏，这种破坏在环境能自我修复的限度内是可以接受的；反之，以破坏环境为代价的旅游活动是不可取的。如何能在环境自我修复的范围内开展旅游活动是学者们普遍关注的重点，生态旅游环境承载力也由此成为学者们研究的重要内容。生态环境承载力是指在旅游地的特定时间里，自然生态环境系统进行自我修复状态下能够接受旅游活动的承载力。生态环境承载力主要包括6个指标，具体如下：

（1）森林覆盖率。森林覆盖率（%）=旅游区森林面积/旅游区总土地面积×100%。森林覆盖率是旅游区森林面积占旅游区总土地面积的比重，是旅游景区绿化水平的重要指标。《中华人民共和国森林法》指出：中国森林覆盖率目标要达到30%，其中山区县一般要达到70%以上，丘陵区县要达到40%以上，平原区县要达到10%以上。目前，全国平均水平仅有21.36%左右。

（2）生物多样性指数。生物多样性是指地球上所有生物（动物、植物、微生物等）所包含的基因以及由这些生物与环境相互作用所构成的生态系统的多样化程度。生物多样性指数是应用数理统计方法求得表示生物群落的种类和数量的数值，用以评价环境质量。在阐述一个国家或地区生物多样性丰富程度时，最常用的指标是区域物种多样性。区域物种多样性的测量有以下三个指标：①物种总数，即特定区域内所拥有的特定类群的物种数目；②物种密度，指单位面积内的特定类群的物种数目；③特有种比例，指在一定区域内某个特定类群特有种占该地区物种总数的比例。

（3）旅游气候舒适期。指气候条件适宜旅游的天数，旅游气候舒适期越长，旅游人数相对就会越多，越有利于旅游发展。根据长白山旅游管理局和长白山气象局的统计数据获得旅游气候舒适期数据。

（4）水体水质达标率。我国地表水环境质量标准（GB 3838—2002）中规定了我国地表流域水体具体评估标准，根据地表水的作用和保护目标分为五类：Ⅰ类主要适用于源头水、国家自然保护区；Ⅱ类主要适用于集中式生活饮用水水源地一级保护区、珍贵鱼类保护区、鱼虾产卵场等；Ⅲ类主要适用于集中式生活饮用水水源地二级保护区、一般鱼类保护区及游泳区；Ⅳ类主要适用于一般工业用水区及人体非直接接触的娱乐用水区；Ⅴ类主要适用于农业用水区以及一般景观要求的水域。同一水域兼有多类功能类别的，根据最高类别功能划分。根据该标准的规定，Ⅰ类主要适用于源头水和国家自然保护区，自然保护区按Ⅰ类标准执行。旅游区水体水质应100%达标。

（5）空气污染指数。空气污染指数是为了使公众对污染情况有直观的认识，而根据污染物的浓度计算出来的。一般而言，监控部门会监测数种污染物分别计算指数，并选取其中指数最大者为最终的空气污染指数。各个国家或地区对空气污染指数的计算方法和规定有所不同，称谓也稍有区别。在中国，监控的污染物包括如下几种：可吸入颗粒物（直径小于10微米的颗粒物，PM10）、臭氧、二氧化氮、二氧化硫等。空气污染指数就是将常规监测的几种空气污染物浓度简化成为单一的概念性指数值形式，并分级表征空气污染程度和空气质量状况，适合于表示城市的短期空气质量状况和变化趋势。空气污染指数划分为0—50、51—100、101—150、151—200、201—250、251—300和大于300七档，对应于空气质量的七个级别，指数越大，级别越高，说明污染越严重，对人体健康的影响也越明显。我国环境空气质量标准（GB 3095—2012）中明确规定，环境空气质量标准分为三级。自然保护区包含在环境空气质量功能一类区，严格按照一级标准实施。空气污染指数体现了空气的质量，一般主要根据空气质量良好的天数占比表示。

（6）噪声污染指数。噪声污染与水污染、大气污染、废物污染被看作世界范围内四个主要环境问题。噪声污染的主要来源包括交通噪声、工业噪声、建筑噪声和社会噪声。交通噪声包括机动车辆、船舶、地铁、火车、飞机等的噪声。由于机动车辆数量的迅速增加，使得交通噪声成为城市的主要噪声源。工业噪声是工厂的各种设备产生的噪声。工业噪声的声级一般较高，对工人及周围居民带来较大的影响。建筑噪声主要来源于建筑机械发出的噪声。建筑噪声的特点是强度较大，且多发生在人口密集地区，因此严重影响居民的休息与生活。社会噪声包括人们的社会活动和家用电器、音响设备发出的噪声。这些设备的噪声级虽然不高，但由于和人们的日常生活联系密切，使人们在休息时得不到安静，尤为让人烦恼，极易引起邻里纠纷。本研究的噪声污染主要指区域内部的噪声污染。我国颁布的声环境质量标准（GB 3096—2008）明确规定，环境噪声标准分为 5 类，自然保护区属于参照 I 类标准执行，环境噪声限值包括在这一标准范围内，昼间为 55dB（A）。

3. 社会环境承载力

社会环境承载力是指在旅游业发展过程中的社会环境差异性和文化冲突（主要体现在文化和习俗方面）对旅游活动承载的能力。研究社会承载力有助于处理好外来游客和本地居民之间的文化和习俗的差异，避免文化冲突。社会环境承载力的指标包括游居指数、当地居民环保意识和地域文化独特性 3 个指标，具体如下：

（1）游居指数。游居指数 = 游客数量/当地居民人数。游居指数主要是指游客数量占当地居民人数的比重。旅游活动会使游客和当地居民之间发生社会交往，双方在接触的过程中，因时间长短的不同所受到的影响强度是有差别的，对于游客来说，和当地居民之间的接触时间长的十天甚至半个月，短的几天，旅游接触时间短的，受到的影响是轻微的，随着时间的推移，这些影响便会慢慢消失，但对于当地的居民来说，他们要长期面对源源不断的游客，因而所受的影响也是持续不断的，当这种影响持续达到某种临界点时，就会使当地的社会文化发生变化。毋庸置疑，旅游业的发展可以带动当地经济发展，但与此同时也对旅游地的社会文化造成影响，这种影响有正面的效益，例如创造良好的社会文化，增进游客和当地居民的相互了解，也会对旅游目的地造成负面影响，例如造成社会失范、滋生思想变异和导致文化滥用等，游居指数对这种文化形成的正面效应和负面影响的冲击力呈正相关关系。

（2）当地居民环保意识。当地居民的环保意识会影响旅游区的整体环境，进而影响旅游地的旅游发展，如果旅游地的居民自主环保意识强，旅游地干净整洁，整体环境就相对好，会提高游客的满意度，从而促进当地旅游的快速发展，相反，如果旅游地的居民自主环保意识弱，旅游地的脏乱差，整体环境就会很差，导致游客的满意度下降，甚至遭到游客的投诉，从而制约当地旅游的发展。当地居民环保意识这项指标本书采用调查问卷的调查数据。

（3）地域文化独特性。学者对于文化的定义有广义和狭义之分，广义的文化是人类物质财富和精神财富的总和。狭义的文化是指人类的社会意识形态，包括组织结构和制度。文化的独特性是指人类在文化方面的差异，具体表现为人类在文化特性方面的不同，例如语言方面、风俗习惯、生活方式、宗教信仰、价值观念等诸多方面。不同地区的不同民族在文化上会体现出差异性，形成民族文化独特性，正是由于这些不同民族的存在，他们体现出来的不同文化才会形成民族文化独特性，可以说文化差异的存在是不同民族的典型标志。民族文化独特性是民族特征的具体体现，当今社会全球化进程非常快，在文化整合的过程中如何保护民族文化独特性正是我们要考虑的。旅游者在选择旅游目的地时多会选择文化差异大的旅游地，旅游地的文化独特性越明显，其吸引力也就越大，地域文化独特性指标本书采用问卷调查数据。

4. 心理承载力

心理承载力是指旅游者在旅游地进行旅游活动时，在没有不舒服的心理感觉情况下，旅游地所能容纳游客的数量。心理承载力的指标有 3 个，具体如下：

（1）游客对景区拥挤度的评价。随着人们收入水平的不断提高和闲暇时间的不断增多，旅游已经成为人们生活的重要组成部分，每当节假日人们都会离开日常生活的空间，去异地进行旅游体验，由于人们的集中出行，给个别旅游地带来了短期的拥挤，因此可以说拥挤已经成为旅游热点景区亟待解决的问题。游客是旅游活动的主体，他们花费时间和精力想获得的是好的体验和感受，而景区拥挤会影响他们的体验，使他们的旅游体验质量下降，进而造成游客不满意。景区是旅游活动的载体，景区的环境是影响旅游者体验的重要因素，景区的拥挤会造成游客体验质量下降，影响景区的形象。游客对景区拥挤度的评价受到多个因素的影响，既有内在因素也有外在因素，内在因素就是旅游者个人的因素，例如旅游动机、旅游感知、旅游期望和拥挤容忍度等，外因就是景区的因素，例如，停车场拥挤度、售票口拥挤度、景区空间拥挤度、游览车拥挤度、游道拥挤度、景区清洁度、其他游客行为等。游客对景区拥挤度的评价本书通过问卷调查获取数据。

（2）游客对景区满意度的评价。游客满意度是在顾客满意度的基础上演变而来的，是游客在旅游过程中或者旅游活动结束以后对旅游目的地以及旅游服务质量的评价，通过游客的满意度评价可以获知旅游目的地存在的问题，进而促进旅游目的地的全面发展。影响旅游目的地的游客满意度的因素主要是产品的质量和服务的质量。游客对旅游目的地的满意度评价是旅游活动之后的感受同自己的预期目标进行比较，当游客的旅游感受超过了自己的预期目标，游客就会非常满意；当游客的旅游感受同自己的预期目标一样，游客就会基本满意；当游客的旅游感受没有达到自己的预期目标，游客就会不满意。游客在旅游过程中，离不开旅游的六大要素“食、住、行、游、购、娱”，随着旅游的发展还要满足游客的“商、养、学、闲、情、奇”的需求。在餐饮方面，影响游客满意度的主要因素是价格、特色和卫生。在住宿方面，影响游客满意度的主要因素是价格、住宿条件、住宿环境、住宿质量和安全。在交通方面，影响游客满意度的主要因素是交通的便捷性。在购物方面，影响游客满意度的主要因素是价格、特色和环境。在娱乐方面，影响游客满意度的主要因素是娱乐的多样性。在景区方面，影响游客满意度的主要因素是价格、景区风景和景区环境。在旅行社服务方面，影响游客满意度的主要因素是咨询服务和导游水平。其他方面，影响游客满意度的因素是旅游地的经济发展、旅游地居民的文明行为和热情好客。游客对景区满意度的评价可以通过问卷调查获取数据。

（3）游客投诉率。游客投诉率是指接到游客投诉的事件数占接待游客的总人数的比重，这个比重的高低可以说明当地旅游管理部门管理水平的高低，同时也能反映当地旅游管理部门对旅游业管理的状态。游客投诉是旅游者在旅游过程中为了维护自己的合法权益，向旅游的管理部门以口头或者书面的方式投诉的行为，目的是寻找妥善处理的方式。游客投诉与游客满意度的关系十分密切，游客投诉是游客对景区不满意的一种表现行为，包括对旅游目的地的基础设施建设、服务人员的水平、服务人员的素质等的不满意，所进行的投诉。游客投诉可以大致分为管理类投诉、消费类投诉、安全类投诉和其他类投诉四种。管理类投诉主要是对旅游工作人员、管理制度、旅游环境、公共基础配套设施等不满；消费类投诉主要是在旅游过程中对旅游消费的价格或者质量不满；安全类投诉主要是在旅游过程中人身安全等遭受到威胁；其他投诉主要是对不可抗拒因素的不满。近几年，随着我国旅游收入的增长和旅游者数量的增多，我国旅游业呈现出良好的发展势头，然而，在旅游快速发展的同时，游客投诉率也出现了持续增长的现象，这个问题不容忽视。在游客投诉中，消费类投诉占比重最大，其次是管理类的投诉和安全类投诉，其他类投诉占比重最小。

第二节　评价指标的权重

评价指标的权重作为评价体系的重要影响因素，决定评价指标体系的整体重要性架构和评价结果。本研究主要采取层次分析法确定准则层和指标层的权重。

一　权重计算的方法

（一）层次分析法

生态旅游环境承载力评价指标体系由多个评价指标组成，从总体评价目标来看，每个评价指标仅仅占据了小部分权重，定性明确各个评价指标权重难度较大。同时，系统的各个要素具有一定关联性，尤其是系统之间、要素之间层次性明显，需要采取相对科学的方法尽量将权重定量化。

层次分析法由美国运筹学家托马斯·塞蒂提出，指采用定性和定量方法确定评价体系中的指标权重。这种分析方法能够将复杂问题简单化，把影响因素划分为多个关联的有序层次，使其更加具体，同时还结合专家学者的主观判断，用专家打分来确定每一层次的相对重要性，并做定量分析。最后，采取数学方法确定所有元素的相对重要性权值，并采取排序的方式分析结果，从而得出研究结论。这种分析方法是指将思维过程数学化的方法，它不仅有利于简化系统计算步骤，也能够使决策者思维一致。

层次分析法的基本原理是指将研究的内容作为一个大系统，首先分析系统当中的影响要素，明确各个要素关联的有序层次，之后聘请专家分析各个层次影响因素的相对重要性，最后在此基础上进行计算并排序。

(二) 层次分析法的步骤

1. 明确主题

确定研究范围和具体评价对象，分析评价对象主要的影响要素以及要素之间的关联性，识别影响因子，筛选出影响力最大的影响因子。

2. 建立层次结构

分析评价对象的主要影响要素之间的关联性，根据研究目标建立多层次评价指标体系，制作层次分析图。旅游环境承载力的评价指标体系根据所属关系划分为三个层次，即目标层、准则层和指标层。目标层位于第一层，即旅游环境承载力，是本研究预定的目标；准则层位于第二层，作为评价指标体系的中间部分，是影响目标层的主要要素，可以认为是子系统；指标层位于整个评价指标体系的最底层，是影响准则层的主要要素。

3. 建立两两比较的判断矩阵

以层次结构模型的第 2 层即准则层为基础，对从属于目标层的各个因素进行一一比较，并确定 1— 9 的比较判断矩阵，依此类推，层次结构模型的第 3 层即指标层也用同样的方法建立比较判断矩阵（如表 4-2 所示）。

表 4-2　元素比较判断矩阵

A_k	B_1	B_2	…	B_j
B_1	b_{11}	b_{12}	…	b_{1j}
B_2	b_{21}	b_{22}	…	b_{2j}
…	…	…		…
B_i	B_{i1}	B_{i2}	…	B_{ij}

其中，b_{ij}表示对于 A_k来说，要素 B_i和要素 B_j的相对重要性的比较

的判断值。b_{ij}一般用1、3、5、7、9这5个等级表示，"1"表示要素B_i和要素B_j同等重要，"3"表示要素B_i比要素B_j稍微重要，"5"表示要素B_i比要素B_j明显重要，"7"表示要素B_i比要素B_j强烈重要，"9"表示要素B_i比要素B_j极端重要。并且，对于任何判断矩阵都应该满足$b_{ii}=1$，$b_{ij}=1/b_{ji}$（i，j=1，2，…，n）。

4. 利用yaahp软件确定权重并进行一致性检验

一般来说判断矩阵的数值获取方式有三种，第一种是根据文献资料获取，第二种是根据专家意见获取，第三种是根据研究者的认知获取。本研究是采用专家的打分的方式获取判断矩阵的数值，利用yaahp软件确定指标的权重，并进行一致性检验，通过一致性检验后，确定每个指标的最终权重。

二　评价指标的权重计算

本研究运用yaahp软件，通过邀请专家打分的方式确定各指标权重$A=(a_1, a_2, \cdots, a_m)$，经过测算，经济环境承载力的权重是0.3458，生态环境承载力的权重是0.4884，社会环境承载力的权重是0.1169，心理承载力的权重是0.0489。生态环境承载力的权重最大，其次是经济环境承载力和社会环境承载力，心理承载力的比重最小。在评价指标体系的四个准则层中生态环境的权重最大，为0.4884，这也符合长白山北景区的实际情况，长白山拥有典型的火山地貌景观、独特的原始森林和苔原植被、完整的森林生态环境、丰富的生物物种资源，利用好这些优势生态资源，在保护的前提下发展旅游业，尽量把旅游活动对资源环境的影响降到最低，长白山高山苔原带植被脆弱，一旦遭到破坏无法恢复，在多年的旅游发展过程中也显示出，游客们都青睐于长白山的生态的自然环境，因此生态环境的权重最大。其次是经济环境承载力的权重，为0.3458，经济发展状况对旅游地的旅游发展具有非常重要的影响，经济发展决定了旅游区的硬件和软件条件。旅游业综合性较强，在发展过程中相关行业都为旅游发展提供支持，不论是景区管理、导游服务、餐饮住宿、购物娱乐还是交通运输和水电供给都是旅游者在旅游活动中必不可少的。因此经济环境承载力的比重位居第二。社会环境承载力考虑的是在旅游业发展过程中的社会环境差异性和文化冲突，主要体现在文化和习俗方面。研究社会环境承载力有助于处理好外来游客和本地居民之间的文化和习俗的差异，避免文化冲突。因此社会环境承载力的权重是0.1169，位居第三。心理承载力主要是研究旅游者在一定时间内进行旅游活动时，在没有不良的心理感觉情况下，旅游地所能接受游客的数量。在评价指标体系的四个指标中心理承载力的权重最小，为0.0489，这也符合长白山北景区的实际情况。

（一）经济环境承载力各指标权重

经济环境承载力的指标一共有8个，分别是旅游产业贡献率、旅游产出投入比、交通运载能力、供水能力、住宿接待能力、餐饮接待能力、生活污水处理率和固体废物处理率，各指标的权重如图4-2所示。

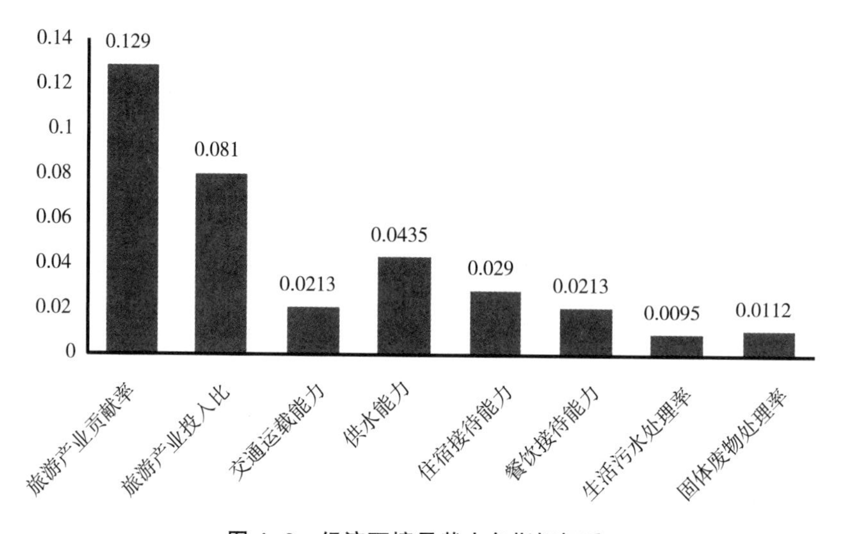

图4-2 经济环境承载力各指标权重

在经济环境承载力各项指标的权重中，旅游产业贡献率的权重是最大的，数值为0.129，2015年长白山北景区全区地区生产总值31.4亿元，旅游业总收入为29.76亿元，相当于地区生产总值的94%。从产业结构来看，2015年长白山北景区三次产业结构为10.67：15.99：73.34。第二产业的贡献值较少，主要以木材加工、人参及中草药加工为主，企业规模较小，产业链较短。第三产业比重较大，其中旅游业的比重更大。

经济环境承载力各项指标的权重位于第二位的是旅游产出投入比，

权重为0.081，该指标呈现的是旅游业经济效益，2015年接待旅游总人数为313万人，旅游总收入29.76亿元，无论是旅游人数还是旅游收入都非常可观，2015年旅游类招商引资项目27项，完成投资39.3亿元，主要包括创建国家全域旅游示范区项目、国家级旅游发展资金项目、智慧旅游项目、环长白山慢行绿道项目、旅游航空和旅游厕所项目。

交通运载能力和餐饮接待能力的权重都是0.0213，交通运载能力主要用于判断景区交通通达性以及旅游基础设施种类和数量，旅游发展的一个制约因素就是可进入性，因此，交通运载能力是非常重要的一个指标，进入长白山北景区的交通主要有铁路、公路和民航。铁路方面，有白河到沈阳，大连到丹东、通化、敦化、图们、泉阳、龙井7条线路。在公路方面，有长白山专养公路4条，总长度252.75千米，桥梁46座，涵洞283道。公路客运开通了16条客运班线，城市公共交通和出租汽车也为游客提供服务保障，方便游客出行。民航方面，自长白山机场开航以来，截至2015年，开通了36条航线，通航22个城市。餐饮接待能力是根据饭店和餐馆的等级、规模和数量以及卫生情况和服务员的服务质量等方面对景区接待游客能力进行衡量。

供水能力的权重是0.0435，住宿接待能力的权重是0.029，从指标横向比较来看，供水能力的权重偏大，主要有两个方面的原因，一方面，由于长白山地区矿泉水资源丰富，使得众多矿泉水加工企业出现，生产矿泉水的产能多以十万吨以上计算，矿泉水的生产满足了游客的众多需求；另一方面，供水能力还主要体现在日常生活用水当中，本地居民日常生活用水和游客用水是一部分，由于淡旺季旅游人数变化也导致供水需求的变化，旺季供水需求增多，淡季供水需求主要是当地居民的消费和使用较多，因此，景区年供水量的综合变化，使得景区供水能力权重略高。

住宿接待能力这一指标权重为0.029，反映了景区接待游客的能力，主要包括景区的酒店等级、规模、数量以及配套设施等情况，长白山北景区以长白天地度假酒店为代表的高端度假酒店和以速8酒店为代表的商务快捷酒店相继建成营业，为游客提供住宿服务。

生活污水处理率的权重是0.0095，生活污水处理不得当，会对旅游区的环境造成负面影响，严重的还会污染水源，生活污水的处理率是经济环境承载力中需要考虑的因素。在环境污水整治的过程中，生活污水处理率越高，旅游区的环境相对就越好。

固体废物处理率的权重是 0. 0112，在环境整治的过程中，充分利用环卫专用车辆和工程车辆，对主要道路采用了人工保洁为主，机械化清扫和冲刷洒水为辅的方式，使垃圾得到了及时清运和焚烧，固体废物得到了及时处理，旅游区的环境得到了改善。

（二）生态环境承载力各指标权重

生态环境承载力的指标一共有 6 个，分别是森林覆盖率、生物多样性指数、旅游气候舒适期、水体水质达标率、空气污染指数和噪声污染指数，各指标的权重如图 4-3 所示。

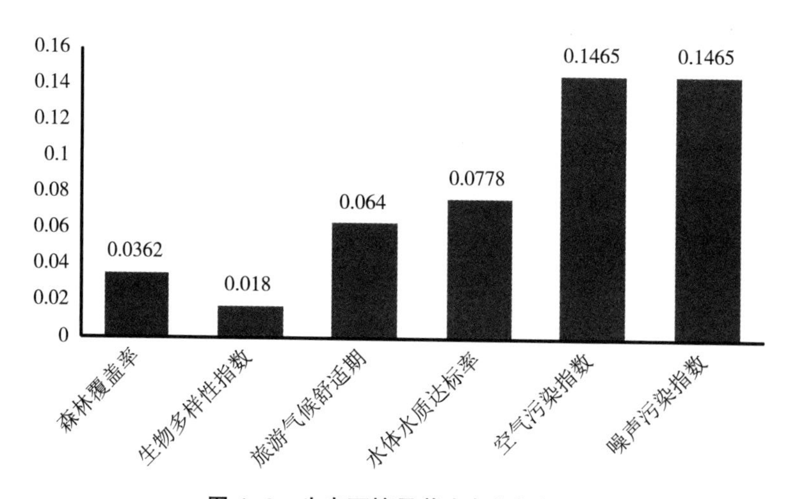

图 4-3　生态环境承载力各指标权重

在生态环境承载力各项指标的权重中，空气污染指数和噪声污染指数的权重最大，权重为 0. 1465，空气污染指数将常规监测的几种空气污染物浓度简化成为单一的概念性指数值形式，并分级表征空气污染程度和空气质量状况，适合于表示城市的短期空气质量状况和变化趋势。空气污染指数划分为七档，对应于空气质量的七个级别，指数越大，级别越高，说明污染越严重，对人体健康的影响也越明显。我国《环境空气质量标准（GB 3095—2012）》中明确规定，环境空气质量标准分为三级。自然保护区包含在环境空气质量功能一类区，严格按照一级标准实施，空气污染指数体现了控制质量。噪声污染的来源主要有交通噪声、工业噪声、建筑噪声和社会噪声。根据我国颁布的《声环境质量标准（GB 3096—2008）》中的规定，环境噪声标准一共分为5类，自然保护区参照Ⅰ类标准执行。2015年二道白河镇城市功能区噪声监测4次，区域环境噪声监测普查工作1次365个点位，道路交通噪声监测1次37个点位，全年上报国家有效监测，既包括例行监测数据，也包括监督性检测数据。本研究的噪声污染主要指区域内部的噪声污染。

水体水质达标率权重为0.0778，我国《地表水环境质量标准（GB 3838—2002）》中规定了我国地表流域水体具体评估标准，根据地表水的作用和保护目标分为五类，同一水域兼有多类功能类别的，根据最高类别功能划分。根据该标准的规定，第Ⅰ类主要适用于源头水和国家自然保护区，自然保护区按Ⅰ类标准执行。长白山保护区为了保证水体水质的质量，2015年对饮用水源地监测12次，重点湖库监测6次，实施国家控制污染源监测每季度一次，监督性监测工作4次。

旅游气候舒适期的权重是0.064，旅游气候舒适期越长，旅游人数相对就会越多，越有利于旅游发展。

森林覆盖率的权重是0.0362，森林覆盖率是旅游景区绿化水平的重要指标。

生物多样性指数的权重是0.018，生物多样性指数是应用数理统计方法求得表示生物群落的种类和数量的数值，用以评价环境质量。在阐述一个国家或地区生物多样性丰富程度时，最常用的指标是区域物种多样性。

（三）社会环境承载力各指标权重

社会环境承载力的指标一共有3个，分别是游居指数、当地居民环保意识和地域文化独特性，各指标的权重如图4-4所示。

在社会环境承载力各项指标的权重中，地域文化独特性的权重是最大的，权重为0.0711，旅游者在选择旅游目的地时一般会选择文化差异大的旅游地，长白山独特的关东文化，吸引了不少中外游客，无论是关于长白山天池的传说还是长白山瀑布的传说，都为长白山增加了神秘的色彩，2015年举办的“长白山森林音乐节”“长白山国际摄影大赛”“长白山健康养生文化论坛”，将长白山悠久、厚重、富有特色的文化内涵与艺术创作有机地结合，为长白山发展增色添彩。

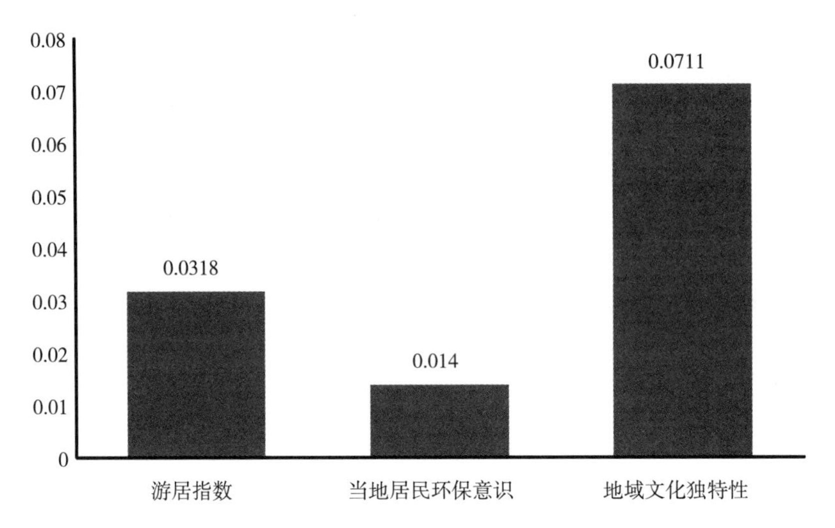

图 4-4　社会环境承载力各指标权重

游居指数的权重是 0.0318，游居指数是游客数量占当地居民人数的比重，游客是旅游活动的主体，也是景区服务的对象，游客的“食、住、行、游、购、娱”都需要旅游目的地的居民为之提供服务，游客过多势必会影响服务的质量，造成游客不满意，甚至是投诉。

当地居民环保意识在社会环境承载力中的权重是最小的，权重为 0.014，当地居民的环保意识会影响旅游区的整体环境，旅游地的居民自主环保意识强，会给游客提供一个干净、整洁的旅游环境，游客的旅游体验就会好，满意度就会高，重游率就会提高，从而加快旅游地的经济发展。

（四）心理承载力各指标权重

心理承载力的指标一共有三个，分别是游客对景区拥挤度的评价、游客对景区满意度的评价和游客投诉率，各指标的权重如图 4-5 所示。

在心理承载力各项指标的权重中，游客对景区拥挤度的评价权重为 0.0222，对景区来说，景区是旅游活动的载体，游客是旅游活动的主体，游客在景区旅游的同时，本身也是旅游景区中风景的一部分，但是如果人数过多，就会影响游览的质量，降低游客的满意度，从而降低旅游景区的旅游吸引力。

游客对景区满意度的评价权重是 0.0222，游客是景区服务的对

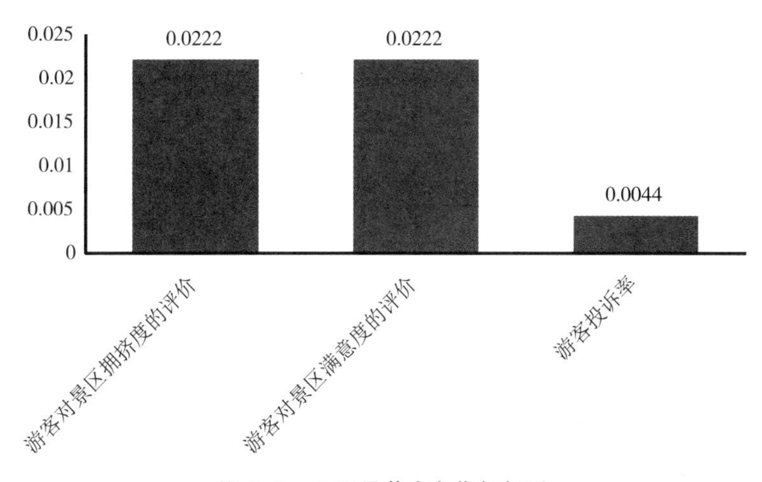

图 4-5　心理承载力各指标权重

象，“以游客为中心，让游客满意”是大多数景区发展的理念，无论是住宿服务、餐饮服务、交通服务、售票服务、购物服务，还是娱乐服务、医疗救急服务等，每一个环节，都要全过程满足游客需要，让游客满意。

游客投诉率的权重为 0.0044，游客投诉率是指接到游客投诉的事件数占接待游客的总人数的比重，游客投诉率是旅游景区非常关注的指标，它可以反映出旅游景区管理部门管理水平的高低。降低游客投诉率是景区在服务管理中的一个重点，在长白山旅游景区运营过程中，通过加强景区经营网点的监管，规范旅游市场秩序，提升了旅游服务质量，多次通过召开景区会议、座谈会议、抽查等方式，加强景区服务管理，降低游客投诉率。

第三节　评价等级标准及流程

一　评价等级标准

在制定评价等级标准时，本书充分借鉴了国内外文献研究资料，依据《风景名胜区规划规范（GB 50298—1999）》《自然保护区管理评估规范》《长白山旅游发展总体规划（修编）（2011—2020）》《长白山保护开发区总体规划（修编）（2016—2030）》《长白山保护开发区国民经济和社会发展“十三五”规划纲要》等文件和标准要求，在多次实地调研和专家咨询的基础上，结合长白山自然保护区的旅游发展现状，将该景区旅游环境承载力评价指标标准划分为5个等级，具体赋予分值为Ⅰ=0.2，Ⅱ=0.4，Ⅲ=0.6，Ⅳ=0.8，Ⅴ=1.0，具体标准如表4-3所示。

表4-3 长白山北景区旅游环境承载力评价等级标准

目标层	准则层	指标层	指标单位	指标等级				
				Ⅰ	Ⅱ	Ⅲ	Ⅳ	Ⅴ
长白山北景区旅游环境承载力	经济环境承载力	旅游产业贡献率	%	≤5	6—10	11—15	16—20	≥21
		旅游产出投入比	%	≤100	101—200	201—300	301—400	≥401
		交通运载能力	万人/年	≤100	101—200	201—400	401—500	≥501
		供水能力	L/人日	≥71	61—70	51—60	41—50	≤40
		住宿接待能力	%	≤30	31—50	51—70	71—90	≥91
		餐饮接待能力	%	≤30	31—50	51—70	71—90	≥91
		生活污水处理率	%	≥90	80—89	70—79	60—69	≤59
		固体废物处理率	%	≥90	80—89	70—79	60—69	≤59
	生态环境承载力	森林覆盖率	%	≥85	60—85	45—60	30—45	≤29
		生物多样性指数	%	≥31	25—30	20—24	15—19	≤14
		旅游气候舒适期	天/年	≥131	111—130	91—110	71—90	≤70
		水体水质达标率	%	≥91	81—90	71—80	61—70	≤60
		空气污染指数	%	≥91	81—90	71—80	61—70	≤60
		噪声污染指数	dB（A）	≤55	55—60	60—65	65—70	≥70
	社会环境承载力	游居指数	—	≤10	11—20	21—30	31—40	≥41
		当地居民环保意识	分	≥90	80—89	70—79	60—69	≤59
		地域文化独特性	个	≥40	30—39	20—29	10—19	≤9
	心理承载力	游客对景区拥挤度的评价	分	≤59	60—69	70—79	80—89	≥90
		游客对景区满意度的评价	分	≥90	89—80	79—70	69—60	≤59
		游客投诉率	起/万人次	≤6	6—8	8—10	10—12	≥12
	评分值 承载情况			0.2 弱载	0.4 亚适载	0.6 适载	0.8 亚超载	1.0 超载

由于长白山北景区旅游环境承载力研究对象较为复杂，因此采用加权评价法进行评估，这个评价方法分别利用经济环境承载力、生态环境承载力、社会环境承载力和心理承载力4个因子（也就是4个准则层）来表达，利用表4-3中所示的等级数值作为标准。明确等级数值及与之相对应的加权值后，将指标的实际监测值与评价等级标准值

进行比较，会得出与该指标相对应的评分值。指标的评分值与权重的乘积就是该指标的得分。由于每个准则层所包含的指标信息和数量不同，因此需要对每个准则层包含的所有指标层数据进行加权后求值，获得的数值就是每个准则层对应的数值。之后将准则层中的4个因子得分数值再加权求值，即可算出目标层的最终分值。综合评价的数学模型设定如下：

$$A=\sum_{i=1}^{n}(W_i \times D_i)$$

模型中A设定为长白山北景区旅游环境承载力综合评价值，W_i为各指标的权重值；D_i为对各指标的实际赋值，n为指标数量。本书结合国内外研究文献并采用专家咨询法，把各指标综合评分值划分为弱载、亚适载、适载、亚超载和超载5个等级，弱载是小于等于0.2，亚适载是在0.21—0.39，适载是在0.40—0.59，亚超载是在0.60—0.79，超载是在0.80—1.0，详细分级标准如表4-4所示。

表4-4　长白山自然保护区旅游环境承载力评价等级

等级	区间划分	承载力状况
1	≤0.2	弱载
2	0.21—0.39	亚适载
3	0.40—0.59	适载
4	0.60—0.79	亚超载
5	0.80—1.0	超载

二　评价流程

长白山北景区旅游环境承载力评估是在旅游景区旅游发展现状调查的基础上，从经济环境承载力、生态环境承载力、社会环境承载力和心理承载力四个层面进行具体评价，进而判断长白山北景区旅游环境承载力基本状况，基于测评结果提出切实可行的发展策略，为今后长白山北景区旅游开发和管理提供依据。具体评价流程如图4-6所示。

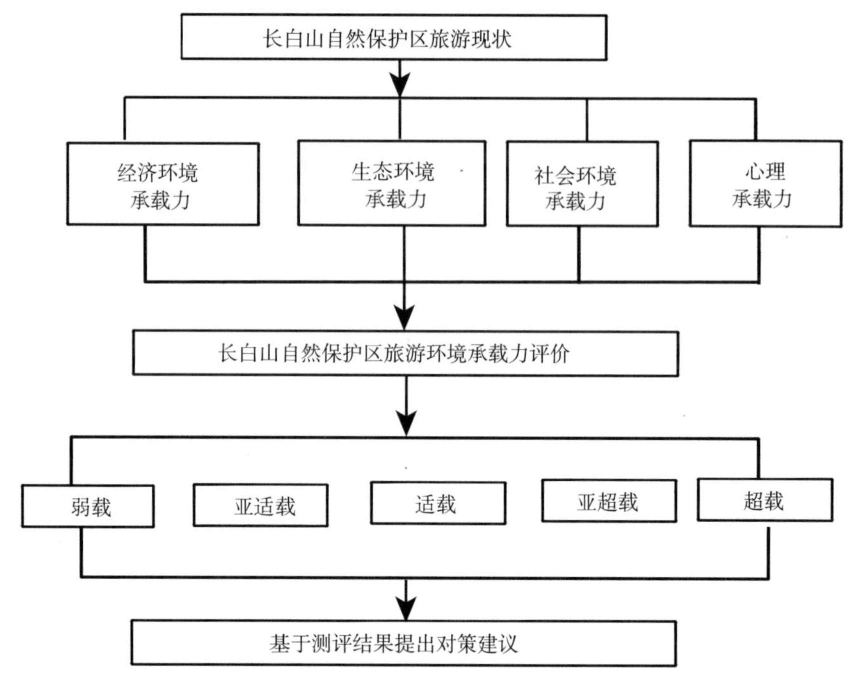

图 4-6 长白山北景区旅游环境承载力评价流程

第四节 本章小结

本章是长白山北景区旅游环境承载力评价的方法论和技术基础。

长白山北景区生态系统包括社会、经济、生态、心理等多个子系统。按照该系统旅游环境承载力具体评估指标，考虑到长白山北景区中的高山苔原带生态环境的脆弱性，根据科学性、代表性、可操作性、通用性、地域性、动态性和指标选取原则，采取理论组成、调研访谈、频度分析和专家打分等方法，构建“目标层”“准则层”和“指标层”三个层次，由生态环境、经济环境、社会环境和心理环境承载力构成 4 个子系统，由旅游产业贡献率、旅游产出投入比、交通运载能力、供水能力、住宿接待能力、餐饮接待能力、生活污水处理率、固体废物处理率、森林覆盖率、生物多样性指数、旅游气候舒适期、水体水质达标率、空气污染指数、噪声污染指数、游居指数、当地居民环保意识、地域文化独特性、游客对景区拥挤度的评价、游客对景区满意度的评价和游客投诉率组成的20个指标构成长白山北景区旅游环境承载力评价指标体系。

以定性和定量分析方法为基础确定具体指标权重，根据指标权重确定长白山北景区生态环境承载力的影响因子，这类指标权重占48.84%，是该景区环境承载力的关键指标；经济环境指标作为长白山旅游环境承载力的重要影响因子，权重为34.58%；社会环境承载力指标权重是11.69%；心理环境承载力指标权重是4.89%，对生态旅游环境承载力起辅助作用。经济环境承载力各项指标的权重中，旅游产业贡献率的权重是最大的，数值为0.129，其次是旅游产出投入比，权重为0.081，供水能力的权重是0.0435，住宿接待能力的权重是0.029，交通运载能力和餐饮接待能力的权重都是0.0213，固体废物处理率的权重是0.0112，生活污水处理率的权重是0.0095。生态环境承载力中各项指标的权重中，空气污染指数和噪声污染指数的权重最大，权重为0.1465，其次是水体水质达标率，权重为0.0778，旅游气候舒适期的权重是0.064，森林覆盖率的权重是0.0362，生物多样性指数的权重是0.018。社会环境承载力中各项指标的权重中，地域文化独特性的权重是最大的，权重为0.0711，其次是游居指数，权重是0.0318，当地居民环保意识在社会环境承载力中的权重是最小的，权重为0.014。心理承载力中各项指标的权重，游客对景区拥挤度的评价和对景区满意度的评价权重是一样的，为0.0222，游客投诉率的权重为0.0044。

参考国内外研究数据以及该景区旅游发展状况，采用专家咨询法制定各个指标评估标准，以加权评价法为主，建立多层次综合评价模型，计算承载力综合评价指数。

按照评价结果评分，综合划分为五个区间，有弱载（≤0.2）、亚适载（0.21—0.39）、适载（0.40—0.59）、亚超载（0.60—0.79）和超载（0.80—1.0）5个评价等级。通过进一步计算可以得知景区生态旅游环境承载力的具体状态。

长白山北景区旅游环境承载力评估能够加大环境保护力度，实现景区生态环境的自我修复。根据生态旅游环境承载力的定量研究，可以基本判断出该景区生态环境实际情况，既可依此制定全新的景区管理体制，也能够为该景区旅游业发展提供支持。

第五章

长白山北景区旅游环境承载力评估

第一节　数据获取与处理

在数据获取方面，根据本书第四章设计的指标体系中具体指标的特征，实证研究的数据分别来源于官方统计年鉴和问卷调查。其中官方统计年鉴由于资料统计的时间限制，仅能获取到2015年该景区的相关指标数据。

在数据处理方面，一是由于长白山旅游的淡旺季非常明显，每年的6月、7月、8月是旅游的旺季，旅游旺季的旅游人数是旅游淡季的几倍甚至是十几倍，因此，为了得出客观准确的评价结果，对淡旺季的数据分别进行赋值处理；二是按照第四章中表4-3划定的旅游环境承载力指标评估标准对数据进行具体赋值处理。下面对经济环境承载力、生态环境承载力、社会环境承载力和心理承载力四个维度具体指标数据的赋值过程进行说明。

一　经济环境承载力

（一）旅游产业贡献率

2015年旅游业总收入为29.76亿元，全区旅游总人数约313万人，比2014年增加13%。其中国内游客296.1万人，增长13.1%；入境游客16.9万人次，增长10.5%，全区地区生产总值31.4亿元，（地区生产总值、各产业增加值绝对数按当年价格计算，增长速度按可比价格计算），按可比价格计算，比上年增长8%。其中，第一产业增加值3.3亿元，增长5.4%；第二产业增加值4.8亿元，增长3.5%；第三产业增加值 23.2 亿元，增长 9.5%。根据第四章的指标设置与测算方法，旅游产业贡献率是旅游业当年创造经济效益占当年 GDP 的比重，通过计算得出旅游产业贡献率为 94.78%，该指标赋值为 1.0。

（二）旅游产出投入比

2015 年招商引资项目 27 个，招商引资到位 39.3 亿元，同比增长 17%，旅游总收益为 29.76 亿元，与 2014 年相比，增长率达到了 16%，根据第四章的指标设置与测算方法，旅游业产出投入比是旅游业经营收入占旅游业投入总额的比重，通过计算得出旅游业产出投入比为75.73：100，该指标赋值为 0.2。

（三）交通运载能力

长白山自然保护区的交通分为外部交通系统（大交通）和内部交通服务设施（小交通）两部分，其中外部交通主要是指铁路、公路，其交通的通达度是决定目的地旅游的关键点。通过对进入该景区的游客客源地进行系统分析，游客大部分来自东北三省、华中等地，使用的交通工具主要有客车、火车和飞机三种。2015 年，全区公路输送旅客 1450 万人次，铁路输送旅客 38.7 万人次，长白山机场起降航班 4885 架次，旅客吞吐量为 51.1 万人次，根据第四章的指标设置与测算方法，交通运载能力主要是火车、汽车、船、飞机等交通运输工具每年输送旅客的人数总量，通过计算，2015 年各种运输方式输送游客量为 124.9 万人次，因此该指标赋值为 0.4。

（四）供水能力

长白山自然保护区流经区内的河流数量高达 8 条，水利资源不仅规模庞大，而且由于地处“三江之源”，使该区的水源一年四季流量都能保持稳定。流水速度较快，落差大，年流量为 10 亿立方米，地下矿泉水资源也十分丰富。根据有关部门调查显示，该地区水源为甲级无污染地下矿泉水，矿泉水资源开发也呈现出良好的发展势头。现阶段的矿泉水泉眼达到了 52 处，日流总量 15.27 万立方米，其中奶头泉流量最大，其每日平均流量为 2 万立方米。长白山池北区就是以地下水作为供水水源，水源地共有三个，分别是位于池北区东北角的奶头泉、池北区南部的月亮泉和位于池北区东南角的光明泉。供水单位四个，分别是二道供水公司（月亮泉）、白河句供水队（奶头泉）、二道白河镇铁路净水厂、二道白河镇光明泉。池北区的用水主要由月亮泉和光明泉供给，二道白河水电站和长白山管委会池北区供水工程满足了池北区的城市供水需求，为了解决部分居民的二次供水问题，确保居民用水安全，优化水资源的配置，解决老百姓的用水问题，2015 年全年采购水表 17220 块，改造楼内管线 36990 米，改造地沟管 5754 米。投资 100 万元，改造了 2480 米的供水管网，满足和促进了池北区社会经济发展，同时也促进了旅游业的快速发展。根据第四章的指标设置与测算方法，在长白山自然保护区内供水充沛，完全能够满足游客的需求，不会制约旅游发展。此项指标赋值为 0. 2。

（五）住宿接待能力

住宿的接待能力主要通过现有的客房出租率来衡量。2015 年，长白山自然保护区有住宿单位 338 家，客房数 8971 间，床位数共计 18173 张。家庭旅馆 292 家，床位数 6942 张。二星级饭店 2 家，客房数量 147 个，淡季平均出租率为 34. 71%，旅游旺季平均出租率为 92. 14%；三星级饭店 8 家，客房数量 940 个，旅游淡季平均出租率为 31. 1%，旅游旺季平均出租率为 92. 1%；四星级酒店 3 家，客房数量 613 个，淡季平均出租率为 27. 33%，旅游旺季平均出租率为 91. 3%。旅游淡季星级饭店的客房出租率为 31%，此项赋值为 0. 4；旅游旺季星级饭店的客房出租率为 92. 6%，此项指标赋值为 1. 0。

（六）餐饮接待能力

2015 年，长白山自然保护区内有餐饮服务企业 476 户，餐饮企业经营情况受到游客数量的影响，消费情况也体现了淡旺季特点，游客对餐饮的认可及接待能力从投诉率也可看出，区内全年接待受理投诉举报 65 起，其中电话举报 45 起，长白山食品安全办公室移交 16 起。旅游淡季，餐饮饭店的满座率为 46%，餐饮接待能力指标赋值为 0. 4；旅游旺季，餐饮饭店的满座率为 87%，餐饮接待能力指标赋值为 0. 8。

（七）生活污水处理率

长白山自然保护区有生活饮用水的水源地 6 个，其中池北区 5 个，池西区 1 个，在环境污水整治的过程中，完成了一部分污水管网治理工作。根据第四章的指标设置与测算方法，生活污水处理率是可处理的生活污水量占污水总量的比重，通过计算得出生活污水的集中处理率为

66%，此项指标赋值为 0.8。

（八）固体废物处理率

在环境整治的过程中，垃圾收集及清运工作得到了有效的开展。根据第四章的指标设置与测算方法，固体废物处理率是可处理固体垃圾总量占固定垃圾总量的比重，通过计算得出固体废弃物处理率为 70%，此项指标赋值为 0.6。

二　生态环境承载力

（一）森林覆盖率

森林覆盖率是旅游区内森林覆盖面积的比重，也是景区区域绿色指标。长白山自然保护区总面积 196465 公顷，其中，林地面积 168919 公顷，疏林地 8406 公顷，灌木林地 4893 公顷。根据第四章的指标设置与测算方法，通过计算得出长白山的森林覆盖率为 80%，此项指标赋值为 0.4。

（二）生物多样性指数

长白山自然保护区是欧亚大陆北半部中最具有代表性的典型自然综合体，拥有十分丰富的野生动植物资源，已知有野生动物 1586 种，分属于 52 目 260 科 1116 属；野生植物 2639 种，分属于 92 目 260 科 877 属，是世界少有的“物种基因库”和“天然博物馆”。根据第四章的指标设置与测算方法，通过计算得出长白山生物多样性指数为 20.3%，因此，此项指标赋值为 0.6。

（三）旅游气候舒适期

长白山自然保护区地处二道白河镇，属于温带大陆性山地气候，垂直性特征非常明显，并且四季分明，冬季寒冷漫长，夏季短暂凉爽，春季气候干燥，秋季多雾。年均气温在 4.5℃左右，7 月和 1 月的平均气温分别为 20.1℃和零下 17℃左右。6 月至 9 月的降水量在全年里是最多的。长白山的旅游旺季是每年的 6 月到 9 月，根据第四章的指标设置与测算方法，并依据长白山旅游管理局和长白山气象局提供的统计数据，通过计算得出 2015 年长白山的旅游气候舒适期的天数为 122 天，此项指标赋值为 0.4。

（四）水体水质达标率

在考虑水体水质情况时，要根据国家《地表水环境质量标准

（GB 3838—2002）》中的规定来进行具体的评估。按照标准，地表水按作用和保护目标分为五类，具体类型在第四章当中已做表述，在标准中，Ⅰ类主要适用于源头水和国家自然保护区，长白山自然保护区的执行类别Ⅰ类。长白山自然保护区的水体保持着天然水质，旅游景区的水质污染源较少，2015 年水体水质达标率是 90%，此项指标赋值为 0.4。

（五）空气污染指数

空气污染指数在不同国家或者地区的计算方法和规定会有所不同，在名称的定义上也是不一样的。在中国，《环境空气质量标准（GB 3095—2012）》中明确规定，环境空气质量标准分为三级。空气中需要进行监测的指标包括可吸入颗粒物（直径小于 10 微米的颗粒物，PM10）、臭氧、二氧化氮、二氧化硫等。而在研究过程中将监测的几种空气污染物浓度简化成为单一的概念性指数值形式，之后分级对污染和空气进行表征，呈现出城市或地区短期空气质量状况和变化趋势，并将空气污染指数划分为七档，指数越大，级别越高，说明污染越严重，对人体健康的影响也越明显。由于自然保护区在环境空气质量标准中按Ⅰ类标准执行，空气质量高，因此从长白山的统计数据来看，各项污染物例如二氧化硫、二氧化氮、PM10 以及 PM2.5 的全年日均值均低于国家大气环境质量一级标准，通过计算得出空气污染指数为 90%，此项指标赋值为 0.4。

（六）噪声污染指数

这一指标主要反映旅游景区噪声污染情况，首先要根据该地区环境噪声标准做准确预测，并根据我国制定的《声环境质量标准（GB 3096—2008）》获得，这一指标也能够应用在城市、乡村区域。环境噪声标准主要包括五类，旅游风景区主要按Ⅰ类标准实施执行。根据数据统计，长白山自然保护区的主要噪声源包括生活噪声、交通噪声、工业噪声和施工噪声等。道路噪声全区平均值为 54.9 dB，区域环境噪声全区平均值为 67.3 dB，根据《声环境质量标准（GB 3096—2008）》规定，自然保护区参照Ⅰ类标准执行，长白山自然保护区全区昼间环境噪声数值为 55dB（A）。因此，此项指标赋值为 0.8。

三　社会环境承载力

（一）游居指数

游居指数主要是指游客数量占当地居民人数的比重，据统计，2015 年该景区全年接待游客达到了 313 万人次，同比增长 13%，该地区人口规模达到了 66569 人。根据第四章的指标设置与测算方法，游居指数主要是指游客数量占当地居民人数的比重，通过计算得出旅游指数为 47，即平均每个市民一年接待 47 名旅游者，此项指标赋值为 1.0。

（二）当地居民环保意识

二道白河镇是国家著名的旅游胜地，该景区具有良好的文化景观，这主要是源于良好的社会文化传统。根据第四章的指标设置与测算方法，并根据实地问卷调查的数据分析结果，当地居民保护环境自主意识这一项综合评分 78 分，环保意识不是很强，此项指标赋值为 0.6。

（三）地域文化独特性

地域文化的独特性是旅游者进行旅游选择的一个重要因素，长白山是中国北方民族的重要发祥地和创业地，金朝和清朝都把长白山视为圣地。长白山是关东文化的根基地，白山黑水已经成为关东精神家园的代名词。冬季是东北民俗气氛最为浓郁的季节，长白山地区的满族、朝鲜族等民族都有自己的特色节日和风俗活动。特色餐饮、大秧歌、二人转、雪爬犁、冰雪游戏，以及过大年、闹元宵、耍冰灯等地域文化活动独特性较强。根据第四章的指标设置与测算方法和实地问卷调查的数据分析结果，则此项指标赋值为 0.6。

四　心理承载力

（一）游客对景区拥挤度的评价

主要通过问卷调查的方式，由游客对游览景区的景点、洗手间的使用、乘坐景区大巴等的拥挤程度进行评价。根据第四章的指标设置与测算方法，问卷调查数据分析结果显示，旅游淡季游客对景区拥挤度的评价为 70%，此项指标赋值为 0.6；旅游旺季游客对景区拥挤度的评价为 90%，指标赋值为 1.0。

（二）游客对景区满意度的评价

根据第四章的指标设置与测算方法，主要通过调查问卷的数据，分析游客对景区服务和管理等方面的满意度和评价。分析结果显示，长白山旅游淡季游客对景区的景色、游览项目、公共设施以及工作人员的态度比较满意，满意率为88%，此项指标赋值为0.4；长白山旅游旺季的满意率为78%，此项指标赋值为0.6。

（三）游客投诉率

游客投诉率是指接到游客投诉的事件数占接待游客的总人数的比重，旅游投诉率的高低是生态旅游目的地的硬件条件和服务质量的直接反映。虽然长白山管委会有着严格的管理制度、多样的管理形式和培训内容，但仍有不少从事旅游活动的经营者在服务质量和价格方面存在问题。据统计，2015年长白山景区共接待旅游者313万人次，受理轻微投诉事件19例。根据第四章的指标设置与测算方法，游客投诉率是指接到游客投诉的事件数占接待游客总人数的比重，通过计算得出此项指标赋值为1.0。

第二节　长白山北景区旅游环境承载力测度与评价

一　旅游环境承载力各指标测度结果

长白山北景区在发展过程中限于东北气候的影响，夏季和冬季游客数量明显不同，因此将长白山北景区分为旺季和淡季两种情况进行比较。对长白山北景区旅游环境承载力四个维度的具体指标分别赋予权重，之后经过赋值打分，所有分值相加后就是旅游环境承载力。通过此类评价可以有针对性地了解到每一子项目影响因素的承载力情况，判断其是否达到我们关注的程度。长白山北景区淡旺季旅游环境承载力各指标赋值如表5-1所示，是后续对经济环境承载力、生态环境承载力、社会环境承载力、心理承载力四个维度，以及对旅游环境承载力综合评价分析的基础。

表 5-1　长白山北景区淡旺季旅游环境承载力各指标赋值

目标层	准则层	指标层	权重	淡季		旺季	
				赋值	得分	赋值	得分
长白山北景区旅游环境承载力	经济环境承载力	(1) 旅游产业贡献率	0.129	1.0	0.129	1.0	0.129
		(2) 旅游产出投入比	0.0810	0.2	0.0162	0.2	0.0162
		(3) 交通运载能力	0.0213	0.4	0.0085	0.4	0.0085
		(4) 供水能力	0.0435	0.2	0.0087	0.2	0.0087
		(5) 住宿接待能力	0.0290	0.4	0.0116	1.0	0.0290
		(6) 餐饮接待能力	0.0213	0.4	0.0085	0.8	0.0171
		(7) 生活污水处理率	0.0095	0.8	0.0076	0.8	0.0076
		(8) 固体废物处理率	0.0112	0.6	0.0067	0.6	0.0067
	生态环境承载力	(1) 森林覆盖率	0.0362	0.4	0.0145	0.4	0.0145
		(2) 生物多样性指数	0.0180	0.6	0.0108	0.6	0.0108
		(3) 旅游气候舒适期	0.0640	0.4	0.0256	0.4	0.0256
		(4) 水体水质达标率	0.0778	0.4	0.0311	0.4	0.0311
		(5) 空气污染指数	0.1465	0.4	0.0586	0.4	0.0586
		(6) 噪声污染指数	0.1465	0.8	0.1172	0.8	0.1172
	社会环境承载力	(1) 游居指数	0.0318	1.0	0.0318	1.0	0.0318
		(2) 当地居民环保意识	0.0140	0.6	0.0084	0.6	0.0084
		(3) 地域文化独特性	0.0711	0.6	0.0427	0.6	0.0427
	心理承载力	(1) 游客对景区拥挤度的评价	0.0222	0.6	0.0133	1.0	0.0222
		(2) 游客对景区满意度的评价	0.0222	0.4	0.0089	0.6	0.0133
		(3) 游客投诉率	0.0044	1.0	0.0044	1.0	0.0044

二　经济环境承载力评价

长白山北景区的旅游淡旺季经济环境承载力如图 5-1 所示，旅游产业贡献率的数值为 0.129，该数值占整个指标层中的比重比较大，其次是住宿接待能力、餐饮接待能力和旅游产出投入比，住宿接待能力和餐饮接待能力在旅游的淡旺季数值存在较大的变化，其他五个指标的数值没有因淡季和旺季影响而发生变化，交通的运载能力、供水能力、生活污水处理率和固体废物处理率数值较小，说明仍具有较强的接纳能力，不会成为制约旅游发展的要素。

（一）旅游产业贡献率

旅游产业贡献率的指标权重是 0.129，指标的赋值得分是 1，通过计算得出旅游产业贡献率的数值为 0.129，该数值占整个指标层中的比

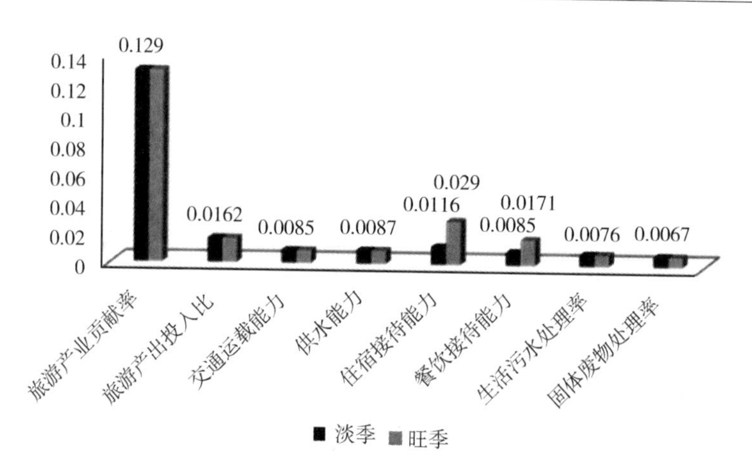

图 5-1 长白山北景区的旅游淡旺季经济环境承载力

重比较大，说明该地区的旅游产业占主导地位，通过前面的数据分析可知，2015 年长白山自然保护区全区旅游业收益 29. 76 亿元，从旅游人数上对比，比 2014 年增加 13%。国内游客、入境游客增长均超过 10%，全区地区生产总值 31. 4 亿元，第一产业、第二产业增加值都在 5 亿元以下，而第三产业增加值达到 23. 2 亿元，旅游产业对经济发展的贡献显而易见，旅游产业贡献率高说明了长白山旅游业在当地经济发展中的地位极其重要。

（二）住宿接待能力

住宿接待能力主要体现在长白山自然保护区内的可提供住宿的单位，据统计这类住宿单位达 338 家，客房数 8971 间，床位数也达到 18173 张，因此在住宿接待能力上能够满足一定的需求，但是这些单位的星级不一样，因此游客选择住宿的情况也会不同。据统计，家庭旅馆数量居多，二星级、三星级可提供住宿的仅 10 家，客房共计 1087 间，四星级可提供住宿的仅 3 家，客房数 613 间。由于长白山旅游的淡旺季影响，这些二星至四星的客房入住率接近，淡季入住率 30%左右，而旺季入住率都超过了 90%。旺季住宿接待能力的指标权重是 0. 029，指标的赋值得分旅游淡季是 0. 4，旅游旺季是 1。通过计算得出，旅游淡季的住宿接待能力数值为 0. 0116，旅游旺季住宿接待能力数值为 0. 029，说明住宿接待能力已经成为制约该景区旅游发展的一个重要因素，尤其是在旅游的旺季和淡季差异非常大，旅游旺季住宿接待能力明显满足不了游客的需求，旅游淡季客房又会出现大量的闲置，如何处理好旅游淡旺季的住宿问题是需要重点考虑的。

（三）餐饮接待能力

在餐饮接待能力方面，2015 年长白山自然保护区内有餐饮服务企业 476 户，餐饮服务主要集聚在城镇的商业区，餐馆以东北特色地方菜和朝鲜族风味餐馆为主，铁锅炖和烧烤店最受游客喜欢，山野菜也备受游客的青睐。旅游淡季餐饮饭店的满座率为 46%，旅游旺季餐饮饭店的满座率为 87%，餐饮接待能力的指标权重是 0.0213，指标的赋值得分旅游淡季是 0.4，旅游旺季是 0.8，通过计算得出，旅游淡季的餐饮接待能力数值为 0.0085，旅游旺季的餐饮接待能力数值为 0.0171。说明餐饮接待能力已经成为制约该景区旅游发展的一个主要因素，尤其是在旅游旺季，供不应求，餐饮接待能力明显不足，当地政府部门要在未来的工作中予以关注。

（四）旅游产出投入比

旅游产出投入比的指标权重是 0.0810，指标的赋值得分 0.2，通过计算得出，旅游产出投入比的数值为 0.0162。为了提高旅游产出和投入，长白山北景区在 2015 年招商引资项目 27 个，招商引资促进了旅游产业的发展，引入资金达 39.3 亿元。投入的增加也带动了旅游收益，全年旅游总收益达到 29.76 亿元，同 2014 年相比，增长了 16%。

（五）交通运载能力

交通运载能力的指标权重是 0.0213，指标的赋值得分是 0.4，通过计算得出交通运载能力数值为 0.0085。长白山自然保护区内的交通直接影响到旅游发展和区内的人员日常生活，在旅游业中决定目的地旅游的一个关键就是其交通通达度的高低，内外交通系统的通达度是核验交通运载能力的一项因素，外部交通连接形式以铁路、公路和航空为主，景区的游客客源地也主要来自东北三省、华中和部分南方沿海地区，交通工具主要是客车、火车和飞机，仅 2015 年输送游客量达 124.9 万人次，其中铁路旅客 38.7 万人次，公路旅客 1450 万人次，航空旅客 51.1 万人次。长白山景区的交通通达度较高，交通的运载能力能够满足游客的需求，不会制约旅游发展。

（六）供水能力

供水能力的指标权重是 0.0435，指标的赋值得分是 0.2，通过计算得出供水能力数值为0.0087。长白山景区供水能力应该包含日常生活用水、旅游用水和矿泉水产业消耗，长白山自然保护区流经区内的河流数量多，地处“三江之源”，四季流量稳定。水源为甲级无污染水源，矿泉水日流量15.27万立方米，其中奶头泉流量最大，其每日平均流量为2万立方米。在长白山自然保护区内供水充沛，完全能够满足游客的需求，不会制约旅游发展。池北区就是以地下水为供水水源，区内供水单位有四个，同时部分供水工程的建设也为城市供水提供了支持，长白山管委会池北区供水工程（2013—2016）中新建的净水厂，主要包括取水工程、净水工程和给水工程，总规划占地20000平方米，分为两期建设，这个供水工程的建设，完善了直饮水供水管网，满足了池北区的城市供水需求，提高供水水质，提高供水安全程度，促进了池北区经济社会发展。

（七）生活污水处理率

生活污水处理率的指标权重是0.0095，指标的赋值得分是0.8，通过计算得出生活污水处理率数值为0.0076，长白山自然保护区在环境污水整治的过程中，完成了一部分污水管网治理工作，有些在建工程在施工期内废水以生活污水为主，污染物产生浓度较高，施工期集中收集沉淀和集中处理，生产和生活污水通过处理后，水质能达到《城市污水处理厂污染物排放标准》的相关要求，满足了国民经济发展的需要，促进了当地社会经济发展，生活污水处理率数值较小，说明污水都得到了及时和安全的处理，不会成为制约旅游发展的要素。

（八）固体废物处理率

固体废物处理率的指标权重是0.0112，指标的赋值得分是0.6，通过计算得出固体废弃物处理率数值为0.0067，在环境整治的过程中，长白山垃圾收集及清运工作得到了有效开展，对各种固废物分别采取了有效的处理和处置措施，对于一些浓度高的固体废弃物采取了相应的措施防止二次污染，避免对周围环境产生影响。同时大力推进工业固体废物的减量化、资源化和无害化工作。强化对危险废物的管理，建立健全危险废物收集、运输、处理处置管理制度。固体废物处理率数值较小，说明仍具有较强的接纳能力，不会成为制约旅游发展的要素。

三　生态环境承载力评价

长白山北景区的生态环境承载力如图 5-2 所示，噪声污染指数的数值为 0. 1172，该数值在整个指标层中的比重比较大，根据数据统计，长白山自然保护区的主要噪声源包括生活噪声、交通噪声、工业噪声和施工噪声等。道路噪声全区平均值为 54. 9 分贝，区域环境噪声全区平均值为 67. 3 分贝，其次是空气污染指数，数值为 0. 0586，森林覆盖率、生物多样性、水体水质达标率和旅游气候舒适期这四个指标的数值都比较小，说明长白山北景区森林覆盖率高，生物多样性好，旅游气候舒适，水体水质达标率高。

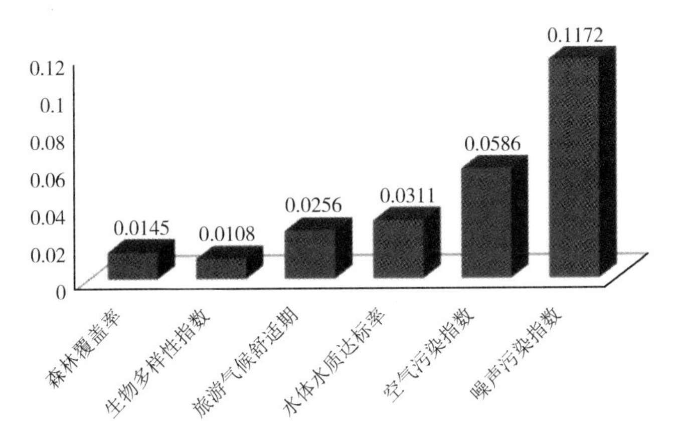

图 5-2　长白山北景区的生态环境承载力

（一）噪声污染指数

噪声污染指数的指标权重是 0. 1465，指标的赋值得分是 0. 8，通过计算得出噪声污染指数数值为 0. 1172，我国的声环境质量标准当中规定噪声分为 5 类，自然保护区参照 I 类标准执行，而在长白山自然保护区内也存在噪声，主要是生活噪声、交通噪声、工业噪声和施工噪声，当噪声对人及周围环境造成不良影响时，就形成噪声污染，经过测量，全区道路噪声平均值 54. 9dB，全区区域环境噪声平均值为 67. 3 dB，当超出限值的时候就会对周边环境、游客产生影响，经测量长白山自然保护区全区昼间环境噪声数值为 55dB（A）。

（二）空气污染指数

空气污染指数的指标权重是0.1465，指标的赋值得分是0.4，通过计算得出空气污染指数数值为0.0586，从长白山的统计数据来看，各项污染物例如二氧化硫、二氧化氮、PM10以及PM2.5的全年日均值均低于国家大气环境质量一级标准，长白山北景区在发展中大力推广清洁能源，提高燃气普及率。积极鼓励利用可再生能源，推广太阳能蓄能及风电利用。同时抓好重点大气污染源的污染防治工作。对环境有污染的企业，如搅拌厂、水泥厂等严格控制了规模，并提出改造升级要求，高标准配建环保设备，并在远期逐步取消污染企业。除此之外还加强扬尘污染综合防治。城镇道路和社区绿化建设稳步推进，不仅有效控制建筑施工工地、道路交通、露天堆场等的扬尘污染，同时提倡大力发展绿色交通，优化公交服务水平，推广使用清洁燃料，鼓励清洁燃料机动车的生产和销售，控制机动车尾气污染。

（三）水体水质达标率

水体水质达标率的指标权重是0.0778，指标的赋值得分是0.4，通过计算得出水体水质达标率数值为0.0311，长白山自然保护区的水体保持着天然水质，旅游景区的水质污染源较少，2015年水体水质达标率是90%，为了防治水质污染，充分利用好水资源，加强水域和饮用水源的保护，确保地表水能符合我国地表水环境质量标准（GB 3838—2002）的规定，长白山北景区的管理部门制定了相关文件和管理措施，出台的相关文件规定了在禁区、水源一级保护区的水质不低于国家规定的Ⅱ类水质标准，禁止人、畜在水域内活动。在水源二级保护区的水质不低于国家规定的Ⅲ类水质标准，并且根据我国饮用水水源保护区划分技术规范（HJT338—2007）划分出了水源保护区。对中心城区暴露在日常生活中的河道进行重点防护，在二道白河沿线以及水厂的取水口周围严格按照国家规范进行水体控制。饮用水水源保护区内不准建设有污染的项目，防止新的污染产生。加强水资源管理、水土流失的综合治理，控制农药、化肥随地表水径流进入水源地，减轻面源污染。加强城镇水体的水质监管和综合整治力度，严格执行环境排放标准。对工业废水排放严格实行总量控制，确保污染物排放总量逐年削减。优先发展低排污项目和节水项目。

（四）旅游气候舒适期

旅游气候舒适期的指标权重是0.0640，指标的赋值得分是0.4，通过计算得出旅游气候舒适期数值为0.0256，长白山属于受季风影响的温带大陆性山地气候，长白山保护开发区冬季寒冷漫长，夏季温凉短暂，春季多风干燥，秋季凉爽多雾。年平均气温在-7℃—3℃，7月通常低于10℃，1月大约为-20℃，极端低温为-44℃。日照时数较短，通常情况下不高于2300小时。无霜期短暂，约100天。长白山降水丰沛，年降水量在700—1400毫米，降雨主要集中在6—9月，所占比重达到了60%—70%。多雾是长白山的另一个明显气候特征，由于海拔较高气压相对较低，因而雾气较重，雾日较长，长白山主峰雾日达200天左右。

（五）森林覆盖率

森林覆盖率的指标权重是0.0362，指标的赋值得分是0.4，通过计算得出森林覆盖率数值为0.0145，长白山自然保护区拥有大面积的天然阔叶林、红松阔叶林、针叶林、云冷杉林、长白落叶松林和罕见的长白松林、岳桦林、苔原灌木和苔原草地。长白山保护开发区有着非常丰富的植物种类，自下而上，分布着针阔混交林、针叶林、岳桦林和苔原带四个垂直植被带。针阔混交林带主要分布在玄武岩台地中，相应的海拔高度是500—1000米。植物种类繁多，层次分界不明显。多分布着乔木、灌木等；针叶林带主要分布在玄武岩高原中，相应的海拔高度是1000—1700米。植物层次分界相对比较明显，对比针阔混交林带，有着相对更少的林下灌木、草本种类；岳桦林带主要分布在火山锥体下部，相应的海拔高度是1700—2000米，树木大多十分矮小，呈现为弯曲形态。其中主要是岳桦，还有部分花楸等树种。林下灌木种类较少，多为耐寒品种；高山苔原带主要分布在火山锥体上部，海拔高度2000米以上，海拔越高，植物越稀疏，生长期越短。植被多呈现为匍匐状，有着非常庞大的根系，这是非常具有代表性的苔原植被。

（六）生物多样性指数

生物多样性指数的指标权重是0.0180，指标的赋值得分是0.4，通过计算得出生物多样性指数数值为0.0108，长白山拥有丰富的生物物种资源，不仅种类繁多，而且种质基因资源丰富，长白山保护开发区已发现并记录的植物种类总共有2277种，归属于73目246科。已发现并记录的低等植物总共有550种，归属于17目59科；已发现并记录的高等植物总共有1727种，归属于56目187科；已发现并记录的高等植物珍稀濒危物种总共有36种。这些野生的动植物具有优良的遗传基因，对于人类社会的生存和发展具有重要的作用，同时还具有科研和科学考察价值。

四　社会环境承载力评价

长白山北景区的社会环境承载力如图5-3所示，地域文化独特性的数值为0.0427，该数值在整个指标层中的比重比较大。其次是游居指数，也是社会环境承载力中比较重要的影响因子。根据长白山开发区2015年统计年鉴统计，长白山自然保护区全年接待旅游者313万人次，比上年增长13%，全区实有人口66569人，即平均每一个市民一年接待47名旅游者。这主要是由于区内人口增长缓慢、外地游客越来越多，导致游居指数比重增大，数值为0.0318，承载状况处于超载水平。另外旅游基础设施落后于旅游业发展的现状，将加剧对社会环境的破坏程度。当地居民环保意识的数值为0.0084，说明当地居民具有一定的环保意识，也开始认识到旅游发展的重要性，言谈举止也能够适应社会发展，并树立了正确的价值观，保持良好的生活态度，但是环保意识仍有待提高。

（一）地域文化独特性

地域文化独特性的指标权重是0.0711，指标的赋值得分是0.6，通过计算得出地域文化独特性数值为0.0427，长白山地域文化具有中国北方民族的特点，在金、清两个朝代，长白山都是圣地，这里的北方民俗文化特点涵养白山黑水特色。长白山北景区能够衔接周边地区地域文化，建筑、服饰、饮食、民俗、曲艺、节事等都能让游客体验并感受到长白山独特的地域文化。由于景区自然条件良好，四季分明，冬季景观成为一个特色，只能在冬季开展的民俗和活动促进了旅游业的发展，长白山地区的满族、朝鲜族等都有自己的特色节日和风俗活动。

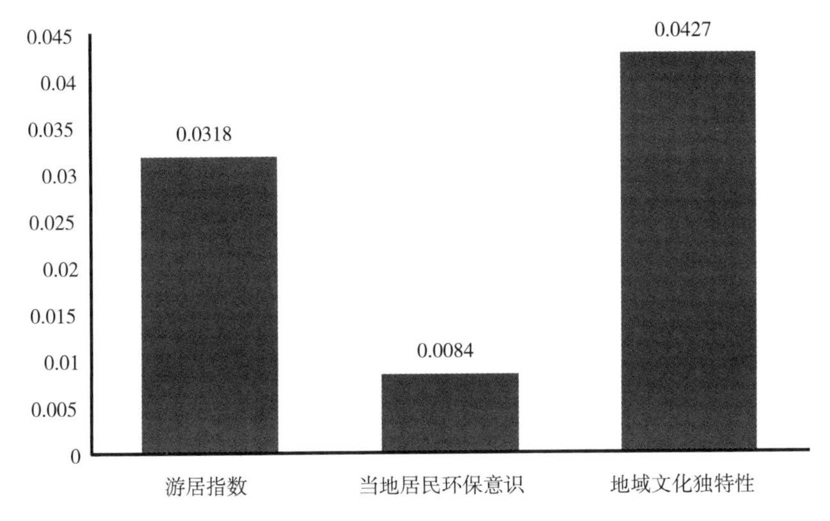

图 5-3　长白山北景区的社会环境承载力

（二）游居指数

游居指数的指标权重是 0.0318，指标的赋值得分是 1.0，通过计算得出游居指数数值为 0.0318，景区所在位置自然条件好，但是在城市建设方面仍不能和现代大城市相比，本地区人口规模达到了 66569 人，这个是指长期居住的居民，而每年的游客数量很大，属于流动形式，据统计，2015 年景区全年接待游客 313 万人次，照此计算平均每个市民一年接待 47 名旅游者。

（三）当地居民环保意识

当地居民环保意识的指标权重是 0.0140，指标的赋值得分是 0.6，通过计算得出当地居民环保意识数值为 0.0084，环保意识是居民必备的意识，因为其涉及该地区的环境可持续发展问题，宜居地受到环境破坏影响而成为不宜居住地必将导致居民的生存受到影响，因此居民保护环境意识很重要，二道白河镇居民具有良好的社会文化传统，通过实地问卷调查，虽然当地居民保护环境自主意识这一项综合评分有 78 分，但是可以看出居民的环保意识并不是很强。

五　心理承载力评价

长白山北景区的旅游淡旺季心理承载力如图 5-4 所示，心理承载力主要由游客对景区拥挤度的评价、游客对景区满意度的评价和游客投诉率三个指标数值构成，三个指标数值中的前两个有淡旺季之分，游客对景区拥挤度的评价指标比重比较大，游客对景区的拥挤度主要考察的是游客对游览景区的景点、洗手间的使用、乘坐景区大巴等的拥挤程度，旅游淡季对景区拥挤度的评价为 70%，因此，通过计算，旅游淡季游客对景区拥挤度的评价数值是 0.0133，旅游旺季对景区拥挤度的评价为 90%，通过

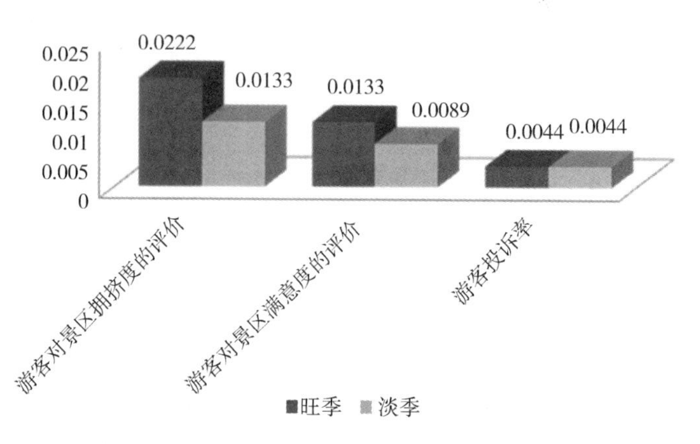

图 5-4 长白山北景区的旅游淡旺季心理承载力

计算，旅游旺季游客对景区拥挤度的评价的数值是 0.0222。游客对景区满意度的评价主要考察的是游客对景区和配套设施的满意情况，在旅游淡季，游客对景区的景色、游览项目、公共设施以及工作人员的态度比较满意，满意率为 88%，通过计算得出旅游淡季游客对景区满意度的评价的数值 0.0089，旅游旺季的满意率为 78%，旅游旺季游客对景区满意度的评价的数值是 0.0133，游客投诉率的数值无论旅游淡季和旅游旺季都是 0.0044。

（一）游客对景区拥挤度的评价

游客对景区拥挤度的评价的指标权重是 0.0222，有淡旺季之分，旅游淡季指标的赋值得分是 0.6，旅游旺季指标的赋值得分是 1.0，通过计算得出在旅游淡季游客对景区拥挤度的评价数值为 0.0133，在旅游旺季游客对景区拥挤度的评价数值为 0.0222，主要通过问卷调查的方式，调查游客对游览景区的景点、洗手间的使用、乘坐景区大巴等的

拥挤程度评价情况。问卷的结果显示游客认为非常拥挤的比例占到15.67%，认为拥挤的比例占到38.33%，认为一般拥挤的占38.33%，认为不拥挤的占7.67%，通过计算可知，旅游淡季对景区拥挤度的评价为70%，此项指标赋值为0.6；旅游旺季对景区拥挤度的评价为90%，指标赋值为1.0。

（二）游客对景区满意度的评价

游客对景区满意度的评价的指标权重是0.0222，有淡旺季之分，旅游淡季指标的赋值得分是0.4，旅游旺季指标的赋值得分是0.6，通过计算得出在旅游淡季游客对景区满意度的评价数值为0.0089，在旅游旺季游客对景区满意度的评价数值为0.0133，游客对景区满意度的评价主要集中在景区服务和管理等方面，通过问卷调查，来长白山旅游的游客对景区的满意度在淡旺季也是不同的，分析后可以得出淡季满意度较高，旺季满意度较低。

（三）游客投诉率

游客投诉率的指标权重是0.0044，指标的赋值得分是1.0，通过计算得出游客投诉率数值为0.0044，在旅游投诉这个方面，游客对生态旅游目的地的硬件条件和服务质量是关注点，投诉率的高低也是其直接反映。长白山管委会通过各种方式加强管理，对硬件和人员服务都加大投入，但是仍存在一些问题，例如在部分经营者服务质量和价格方面，据统计，2015年长白山景区接待游客313万人次，受理轻微投诉事件仅19例。

六　旅游环境承载力综合评价

长白山北景区的淡旺季旅游综合承载力如图5-5所示，长白山自然保护区在各项承载力指标上都存在一定问题，在经济环境承载力方面，景区内的各项服务环节和旅游市场都需要合理规划，设施、人文等方面需要提升；在生态环境承载力方面，要加大对景区自然的保护，并围绕生态做文章，发掘新时代旅游特色，引导旅游者的保护意识，并注重合理的设计和规划；社会环境承载力方面，要将景区周边的城市、乡镇、村庄都带动，建设“大长白”，使其形成长白山生态为主，人文和地理为重要辅助的格局；在心理承载力方面，要围绕原住民和旅游者之间的关系开展建设，使二者协调发展、互相促进，进而提高环境、设施、服务等多方面水平。

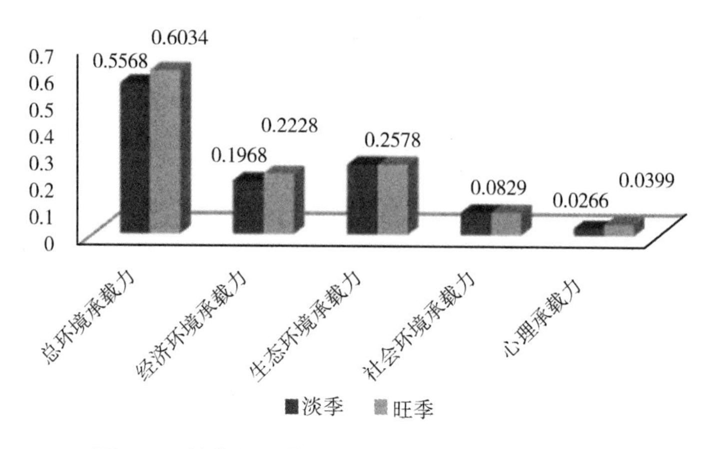

图 5-5 长白山北景区的淡旺季旅游综合承载力

第三节 本章小结

长白山北景区凭借自身的地理位置、地貌、历史文化，随着旅游业保持良好的发展趋势，旅游收益、游客数量呈现出不断上升的发展趋势，而生态旅游环境承载力这一概念，其预警作用则是指根据目的与要求选择相应的形式，反映旅游环境关系类型的差异。本研究将长白山北景区作为研究对象，并分析了该景区的旅游环境承载力，因此，在指标体系当中重点分析了生态旅游承载力的具体指标。在对该景区社会经济、生态等多个方面做综合分析的基础上，结合旅游发展现状，采用加权评价法对长白山北景区旅游环境承载力进行评估。

评价结果表明，长白山北景区旅游淡季的经济环境承载力、生态环境承载力、社会环境承载力和心理承载力指标分别为 0. 1968、0. 2578、0. 0829 和 0. 0266，旅游综合承载力为 0. 5568，处于适载状态，旅游区处于可持续状态。长白山北景区旅游旺季经济环境承载力、生态环境承载力、社会环境承载力和心理承载力指标分别是 0. 2228、0. 2578、0. 0829 和 0. 0399，旅游综合承载力为 0. 6034，处于亚超载状态。经济环境承载力中，旅游产业贡献率、住宿接待能力和餐饮接待能力三个指标数值比较大，生态环境承载力中噪声污染和空气污染这两个指标数值比较大，社会环境承载力地域文化独特性和游居指数这两个指标比重较大，心理承载力中游客对景区拥挤度的评价和游客对景区满意度的评价这两个指标比重比较大。

第六章

长白山北景区可持续发展对策建议

本章对长白山北景区旅游可持续发展进一步提出对策建议，以期相关部门采取有效措施降低长白山旅游环境承载力值，提高其承载能力，防患于未然，并建议从制定长白山生态环境保护规划、严格设定限建区域、加强公共服务设施建设、加强旅游服务要素薄弱环节建设、主打生态旅游品牌构建“大长白山”规划理念、以“五位一体”为目标提高景区管理水平、加快旅游小镇建设步伐等措施入手，提高长白山北景区旅游环境承载能力。

第一节　制定长白山生态环境保护规划

坚持环境保护和经济、社会发展相协调原则，遵循经济规律和生态规律，实现经济效益、社会效益和环境效益的统一发展，坚持预防为主、防治结合的方针，全面规划、合理布局，制定长白山生态环境保护规划。在城镇建设的过程中，不断改善生态环境质量，实现生态良性循环；实施环境与社会经济发展综合决策，坚定走发展循环经济之路。从可持续发展观出发，推广绿色循环经济、清洁生产工艺，全面进行生态环境保护规划。

一　制定生态环境保护规划目标

长白山北景区生态文明建设是区域发展的重要方面，加强景区生态环境保护，维护景区生物多样性，也是保证东北生态安全的重要组成部分。面对资源有限、环境污染严重、生态系统遭受一定程度的破坏等重要环境问题，必须采取相关的措施，保护长白山北景区的生态环境。

第一，要注重景区生态文明建设，保护景区的生态环境是景区发展的前提，要顺应自然的发展规律，保护好自然环境，将经济发展与社会发展、自然环境保护结合起来，在注重经济效益的同时关注社会发展和自然环境的保护，将经济、政治、文化、社会和生态建设相结合，实现景区经济效益、生态效益、社会效益的统一。贯彻绿色循环经济发展理念，尽量减少旅游发展和经济活动带来的环境问题。提高资源和能源的利用效益，尽量减少废弃物的排放，实现循环经济发展的要求。以生态文明建设为主线，以提高环境质量为核心，坚持“绿水青山就是金山银山，冰天雪地也是金山银山”的基本理念，对于已经对生态环境造成污染的地区要进行恢复和治理，最大化减少对生态环境的破坏。

第二，要加强长白山生态资源保护，建立完善的自然人文景观保护机制。在保护长白山生态资源的同时，完善自然生态系统服务功能，实现当地的人文景观和水资源的永续利用。在对长白山的生态环境进行问卷调查时，有38.67%的游客认为需要加强生态环境建设，由此可以看出长白山的生态环境已受关注，必须要进行保护。典型的火山地貌景观、独特的原始森林和苔原植被、完整的森林生态系统、丰富的生物物种资源，已经成为长白山的主要优势资源，因此长白山的首要任务是保护好生态资源。长白山的旅游发展要始终以生态旅游为主打品牌，一方面要依托和利用好生态资源，把发展旅游对生态环境的影响降到最低限度，另一方面要坚持旅游的生态化，为生态文明建设提供支撑和保障，制定好环境保护目标，长白山的旅游发展要始终坚持保护优先和生态优先的原则，优先选择建设强度低、生态环境友好、弥补欠缺空白的资源利用方式，避免大拆大建，将长白山的旅游资源充分利用好，着力构建源头严防、过程严控、末端严管的污染防治体系，强化污染减排总量控制，全方位削减工业污染、城乡生活污染、农业面源污染负荷，实现应治理的环境有明显改善，达到环境效益、经济效益和社会效益的协调与共赢。力争实现水环境功能达标率达到100%；自然保护区、主题功能区和景区景点达到环境空气质量一级标准，中心城区达到环境空气质量二级标准；生活垃圾无害化处理率达到100%；危险废物综合处理率达100%。

第三，要增强生态环境承载力，强化生态环境保护建设措施，以实现该景区生态、经济协调发展，为区域可持续发展提供生态安全保障。"绿水青山就是金山银山"，"冰天雪地也是金山银山"。坚持保护生态环境建设，把资源和环境保护放在第一位，确保长白山的资源得到有效利用，坚持开展生态旅游，开展可持续的、绿色的旅游活动，发展环保和低碳的旅游项目，通过发展旅游业，为资源和环境保护提供支持保障。通过合理分区、控制旅游区的环境容量等方式，实现生态文明，杜绝对资源的掠夺式开发和建设性破坏。同时要强化建成区生态环境的恢复与建设，从绿色发展的角度，明确该景区建设今后发展趋势，并在此基础上建立完善的城镇生态保护系统。

二　划分生态环境功能区域

生态功能分区依据生态系统区域构成和区域功能的不同，对地质、地貌、坡度、自然景观价值、自然生态价值、历史文化等生态因子进行综合考虑，综合整体生态架构及城镇化发展规律，对城镇发展用地分类。

长白山北景区应该基于生态干扰现状及生态适宜性评价，进行明确的生态功能区划，进而指导未来多方面、多尺度的生态建设及保护工作。针对现实情况对长白山北景区生态环境进行功能划分，细分为生态保育区、生态缓冲区和生态协调区。生态保育区是包括该地区海拔高度超过 1200 米的高山林区和长白山自然保护区外围的各类保护地。生态缓冲区主要指该景区附近的林业生产集中区。该区域既是生态保育区的外层空间，也是人居活动集中区域与生态保育区间的缓冲区域。生态协调区包括长白山北景区中心城区等适宜城镇建设的区域。协调城镇建设与生态保护管理，加强生态环境处理，加大生态环境保护力度。

三　制定单项规划的规划任务

在第五章中已经对影响长白山旅游环境承载力的生态环境承载力和经济环境承载力进行了要素分析，其中噪声污染、空气污染、水体水质达标率、固体废弃物以及住宿接待能力和餐饮接待能力等指标能通过合理规划提高其承载能力；通过制定规划，降低噪声污染达到国家标准；

主要污染物的排放总量持续减少，城镇空气质量总体稳定；辖区内主要河流上游达到一类水质，出境断面保持二类水质以上，城镇集中式饮用水水源稳定达标；在旅游旺季住宿接待能力和餐饮接待能力能够满足游客的需求，从而使长白山北景区生态环境质量得到提升，生态系统稳定性增强，经济环境状况得到持续改善，并能够进一步提高长白山北景区的旅游承载能力。

（一）噪声综合治理

为有效缓解交通带来的噪声污染，要对区域进行有效的噪声综合治理规划，严禁安装和使用高音喇叭，控制机动车排气筒噪声，在特定的区域限制车辆鸣笛。对于过境车辆，限制从城区内部穿越，改善道路通行条件，加宽道路，增加停车场的数量。在道路两侧设立绿化带。尤其是交通干线两侧应避免建设对于噪声比较敏感的建筑物，例如居民住宅等。对于特殊的道路要限制车速和限制车流量，完善交通管理系统，加强机动车噪声检测。加强法制建设，必要时对于一些违反规定的行为可以利用法律手段进行处罚。在区域内部要对居住区内影响居住的企业、事业和人体噪声源进行控制，对装修和施工带来的噪声更要严格控制。对于必须进行的施工作业，要控制好施工的时间，不能影响居民的正常休息，在居民休息时间内不能施工，同时要采取减噪和防噪措施，将噪声污染降到最低。

（二）环境空气保护

依据国家出台的《环境空气质量标准》（GB 3095—2012）规定，在长白山北景区范围内，长白山国家级自然保护区和各个景区景点等环境空气质量总体上应该保持在一级标准，中心城区环境空气质量应该达到二级标准，为了达到这些标准需要做好一些工作。

首先，要提高居民和游客的环境保护意识，加强环保宣传力度，在游客和当地居民思想中形成保护环境、爱护环境和美化环境的意识，同时政府部门也要加强管理，对施工的时间和有扬尘污染的施工要进行必要的限制，加强道路和城市的绿化建设，尽量减少施工带来的环境污染。

其次，要从影响空气质量的源头抓起，提倡发展绿色交通，提高城市公共交通的服务能力，鼓励使用电车，这样可以有效减少汽车尾气对环境的污染，如果必须使用汽车，也要控制好机动车的尾气，将污染降到最低。与此同时要大力推广清洁能源，提高燃气的使用率，鼓励使用可再生能源，推广太阳能蓄能及风电的使用。

再次，要将大气污染的防治作为工作的重中之重。严格按照产业准入制度，对现存主要的环境污染企业，如搅拌厂和水泥厂等，必须要严格控制生产规模，同时提出改造升级要求，按照高标准配建环保设备，并在远期逐步取消。还要加强扬尘污染的综合防治工作，对于城镇道路和社区绿化建设要重视，还要有效控制建筑施工工地、道路交通、露天堆场等扬尘，避免对空气质量造成严重的污染。对于不可避免的工业发展可能带来的生态破坏，应该加强各企业对“三废”的处理力度，协调工业发展与生态环境平衡。

最后，要建立空气自动监测站，可以加强对污染的动态实时监测。当地居民要减少燃煤的使用数量，快速推广集中供热，提高居民生活燃气化率，使空气质量得到保证。

（三）水环境保护

依据国家出台的《地表水环境质量标准》（GB 3838—2002）规定，长白山北景区范围内划入水源保护区的水面水质优于Ⅱ类标准，其余各流域水质控制在Ⅱ类标准。饮用水水源保护区内不准建设有污染项目，防止新污染产生。加强水资源管理、水土流失综合治理，控制农药、化肥随地表水径流进入水源地，减轻面源污染。城镇污水处理率达到100%，为了达到这个标准需要采取一系列措施。

第一，加强城镇水体的水质监管和综合整治力度，严格执行环境排放标准。对工业废水排放严格实行总量控制，确保污染物排放总量逐年削减。优先发展低排污项目和节水项目。

第二，依据《地表水环境质量标准》（GB 3838—2002）的规定，长白山自然保护区的水体要达标，必须加强对城区河道综合整治，必要时要实施雨污分流制，规划并建设完善的雨水、污水管网系统。还要加强对重点污染源的综合治理，实施水排污许可证制度和总量控制制度。

第三，要建设完善的污水处理系统，从污水的源头解决污水排放问题，从而改善地表水的水环境质量。除此之外，要严格限制地下水的开采，合理调配水资源，增加生态用水，促进城区地表水体水质的改善。

第四，要杜绝矿泉水开采造成的水污染，严格控制矿泉水开采，确保在严格保护生态环境和充分研究论证的前提下，科学适当发展，而且必须采取改造设备、提升开采技术等手段，最大限度地减少对生态环境的破坏，杜绝造成水污染。不得在长白山国家级自然保护区核心区范围内发展矿泉水产业等。

（四）固体废弃物处置

首先，要加强对固体废弃物的处理，建立废弃物的收集、运输和处理的管理制度，要对工业固体废物进行减量化、资源化和无害化处理。尤其是对危险的废弃物要加强管理，建立管理制度，要根据《中华人民共和国医疗废物管理条例》的规定，对医疗废弃物进行无害化的集中处理。

其次，要对固体废物实行垃圾分类收集，对于生活垃圾要建立回收机制，建立和完善垃圾的收集、运输和处理，在处理方式上可采取焚烧、堆肥和卫生填埋等多种处理方式，使城镇生活垃圾无害化的处理率能达到100%。发达国家处理垃圾的最有效方式是焚烧，焚烧垃圾工艺的环保性也经过了实践和时间的检验。在垃圾焚烧的过程中，垃圾的分类和燃烧的温度影响其对环境的污染程度，垃圾的干湿分类和燃烧温度是否达标直接影响了垃圾燃烧是否产生毒性物质，湿垃圾燃烧后产生的毒性物质多，温度不达标燃烧后产生的毒性物质也多，毒性物质飘在空气当中污染环境，影响空气的质量，飘落到土壤中也会影响土壤的质量。因此，对垃圾进行分类后再进行高温焚烧处理，将会减少对环境的污染。

再次，对固体废弃物进行实时动态监测，监测运进来的垃圾是否分类，分类是否合理，垃圾的干湿程度等，要从根本入手进行控制。监测废弃物的处理要对技术条件进行把握，如监测垃圾焚烧的温度，要确保垃圾燃烧的温度达标，避免产生有毒物质，例如可以根据烟囱里烟雾的颜色进行有效的判断，非常简单和直观。

最后，要进行定期的检查，对固体废物处理过程中接触的空气、土壤以及水体都要进行定期的监测，看看是否存在有毒物质，同时政府还要加大资金的投入，为监测设备和人员提供经费保障。

（五）住宿接待和餐饮接待

1. 住宿接待

在住宿接待能力方面，2015 年长白山自然保护区有住宿单位 338 家，客房数 8971 间，床位数共计 18173 张。家庭旅馆 292 家，床位数 6924 张。旅游旺季酒店的客房出租率在 90%以上，旅游淡季的平均出租率在 30%左右。

通过市场调查研究接近一半的游客在长白山居住会选择四星级或者是五星级酒店，因此，建议长白山北景区的管理部门在建设用地供给紧张的情况下，要以生态优先和集约土地的思想为指导，从以下几个方面入手。

第一，要建设一定数量的高星级酒店，在品牌的选择方面，要引入国际和国内知名的酒店品牌，特别是深受顾客喜爱的品牌，例如安曼、安麓、悦榕庄、红树林、花间堂等。由于长白山的温泉极具特色并深受游客的喜爱，因此，在温泉度假酒店建设方面要有重点地选择，法国维希、德国巴登巴登、日本箱根、泰国普吉岛、北欧芬兰等都是温泉和 SPA 度假胜地不错的选择。除了注重品牌的建设以外，还应鼓励长白山旅游股份公司塑造自己的酒店品牌，发展具有地方特色的高端酒店品牌。

第二，要利用现有的条件建立类型多样并且档次丰富的住宿接待体系。在建设住宿接待体系时要充分利用存量和闲置的楼房，鼓励当地居民发展短租公寓、度假公寓、民宿客栈等住宿形态，有条件的地段可以发展以可装配建筑和移动设施为主的露营地。

第三，住宿接待设施要有地域特色并且要有创意，可以重点发展主题酒店和度假酒店。主题酒店的主题选择应首先突出长白山的独特文化，例如满族的萨满文化和狩猎文化、朝鲜族的民俗文化、抗联红色文化、森林生态文化和冰雪文化等。长白山在度假酒店的建设上要突出休闲娱乐和健康养生，要以温泉养生为主要特色。同时在主题设计上也要有不同的分类，体现出主题功能区，可建设多种有个性的酒店，例如树屋酒店、冰雪酒店和洞穴酒店等，让游客有不同的感受，既满足游客居住的需要，又给游客新鲜感。

第四，对于距离长白山北景区半小时圈范围内的小城镇，要加快建设旅游住宿接待设施。随着高铁和高速公路的“两高”时代的到来，长白山北景区也将进入“同城化”时代，也就是说长白山旅游接待可以在半小时交通圈范围内进行有效合理的配置，例如可将敦化、安图和抚松等市县，特别是安图县的松江镇和永庆乡等邻近乡镇纳入长白山的旅游接待圈。在旅游旺季时为游客提供选择，提高长白山北景区旅游住宿接待能力。这些小镇在住宿的发展上可以以短租公寓、度假公寓和民宿客栈等为主，重点发展低星级酒店、经济型酒店、社会旅馆、家庭客栈等大众旅游住宿设施，满足游客的不同需求。

2. 餐饮接待

在餐饮接待能力方面，2015 年长白山自然保护区内有餐饮服务企业 476 户，餐饮服务主要集聚在城镇的商业区，餐馆以东北特色地方菜和朝鲜族风味餐馆为主，铁锅炖、烧烤店和山野菜最受游客喜欢。餐饮饭店旅游淡季和旅游旺季的满座率分别是 46%和 87%。

从餐饮接待现状来看，在旅游的淡季除了个别火爆的餐馆以外，其他餐馆在旅游淡季都是关门歇业的；而在旅游旺季的 7 月、8 月，餐馆的餐位就非常紧张，供不应求。总体来看，当地居民的需求不足，餐饮服务的季节性波动非常大，淡旺季差别非常明显。因此，长白山北景区的餐饮接待要从以下几个方面入手，具体措施如下。

第一，餐饮接待设施可以根据餐饮业态的分类进行分区发展，在发展中既要有主题餐饮街，也要有文化演艺餐厅，还要有主题餐厅和小吃街，满足不同游客的需求。

第二，要打造餐饮的品牌街道，除了做强白山大街以外，还要重点发展例如关东窄巷、朝鲜风情餐饮街、烧烤一条街、铁锅炖一条街、酒吧一条街等，打造这几条主题餐饮街区。餐饮属于即时性现场消费，相对而言除了用人成本以外，其他的成本相对较低，在餐饮街区的发展过程中可以根据季节性波动有重点地发展，使餐饮的发展能够适应季节性的变动。

第三，长白山的餐饮应该重点研发一些招牌菜，借鉴其他旅游景区的先进经验，利用当地的特色食材，例如荚果蕨、大叶芹、刺嫩芽、猴腿、荠荠菜、蕨菜、牛毛广、刺五加、柳蒿芽等山野菜，利用这些山野菜秘制烹饪，形成独特风味。就像去北京必点北京烤鸭一样，来到长白山就必点招牌菜，长白山在招牌菜的研发上可以充分利用山猪、山鸡和人参等，研发烤山猪、烤山鸡、人参养生汤等主打菜，同时也要相信高手在民间，可以通过举办“美食节”这样的活动，挖掘主打菜的烹饪方法，经过精心组织研发、测试、营销和推广，让游客来长白山既可以观赏美景也可以享受美食。为了保证招牌菜的食材的安全和品质，还可以打造一批养殖基地。

第二节　严格设定限建区域

在综合考虑长白山地形地貌、生态环境保护、资源保护与利用、城镇建设及产业布局、重要基础设施建设等因素的基础上，既要保护生态环境又要发展经济，根据发展的实际需要确定空间发展的布局和方向，将长白山北景区细分为禁止建设区、一级限制建设区、二级限制建设区和适宜建设区四种用地模式。

一　禁止建设区

禁止建设区的范围是长白山国家级自然保护区的核心区、缓冲区和国家一级公益林，总面积约 605.27 公顷，约占池北区总面积的 50.27%。禁止建设区内以生态保护为主要功能，禁止一切新的城市建设活动和有损生态环境的各种活动，并制定相关法律、法规，做好保护，确需建设的区域性重大基础设施必须经过相关技术、行政部门论证和审批后方可进行建设。

二　一级限制建设区

一级限制建设区包括长白山国家级自然保护区的实验区、环境控制带中的水系保护区、珍稀资源保护地、水源保护区和北坡国家森林公园等。针对各级各类一级限制建设区制定管制措施如下。

1. 长白山国家级自然保护区的实验区

在自然保护区的实验区内，不得建设可能对环境造成严重污染的基础设施；同时，项目污染物排放量要控制在国家污染物排放标准之内。

自然保护区基础设施污染物排放如果超出了国家排放标准，首先需要及时治理，进行补救，并不断完善景区基础设施，为游客提供良好的观光体验。

2. 环境控制带中的水系保护区

该区域指的是水域（包括其支流）及其两岸1000米范围内的保护区域，是影响长白山生态环境的重要区域。在该区域内可适当发展低强度的生态旅游项目，应限制非旅游船只的通行；旅游船只不得使用污染性能源，提倡使用清洁能源；严禁向水域排放污染物，并应定期清理水域垃圾。水域沿岸应限制非旅游活动设施的建设，已建有旅游设施的，应禁止向水域排放污染物。

3. 珍稀资源保护地

该区域是长白山物质资源和物种基因库的典型代表，也是生态环境相对脆弱和敏感的区域，长白山北景区珍稀资源保护地包括圆池保护地、灵芝保护地、浮石林保护地、矿泉保护地、秋沙鸭保护地等，总面积约12980.25公顷。该区域应加强保护，禁止用于物种保护、教育科研和生态旅游之外的其他设施建设；应进一步加强科学研究，尤其是长期的跟踪研究，从而掌握该区域的发展变化趋势，以更好地实现保护目标。

4. 水源保护区

水源保护区指池北区内的给水水源和矿泉水水源。对于地表水水源应划分保护带范围，取水点周围半径100米内水域严禁捕捞、停靠船只、游泳和从事可能污染水源的活动；取水点上游1000米至下游100米的水域，不得排放污水、废水和建设产生污染物的设施。对于地下水水源，在水源保护区范围内不得排放污水、废水和建设对水源有污染的设施，不得从事破坏深层土层的活动（具体要求见水源地保护规范）。对于泉水，按照实际情况，划定水源保护区范围，制定具体保护措施。

三　二级限制建设区

二级限制建设区指观赏游览区和旅游道路两侧各1000米范围内等需要批准方可建设的区域。该区域应严格控制建设量，仅限于根据旅游发展和森林保护需要，适当进行小规模建设，且须事先做好环境评价工作。针对各级各类二级限制建设区制定管制措施如下。

1. 观赏游览区

观赏游览区指长白山自然保护区范围内的旅游景区、景点以及自然保护区外围的浮石林、圆池等景区。旅游观赏区是旅游资源富集区域，其建设活动要特别注意对自然环境的保护，开发活动仅限于观赏与科研等建设，且应控制建设数量与规模。

2. 旅游道路两侧用地

在长白山自然保护区外，长白山管委会所辖区域的道路两侧各1000米范围内的用地。在该区域内应减小交通对两侧生态环境的影响。除了森林保护以外，其他建设活动原则上都要向长白山保护开发区林业主管部门申请，经上级部门批准以后方可建设。

四 适宜建设区

适宜建设区包括长白山北景区中心城区等适宜城镇建设的区域。该区域的建设活动应按照制定的规划有步骤地进行。针对各级各类适宜建设区制定管制措施如下。

1. 长白山北景区中心城区（旅游服务基地）

长白山北景区中心城区是长白山旅游服务区域和居民集中居住地，也是人口相对集聚的区域，是长白山旅游实现良性发展的支撑。应该加强基础设施建设和服务设施建设，注重城市景观风貌塑造，突出旅游城镇的特色。该区域应该禁止建设对自然环境产生污染的工业项目；对于一般工业的项目建设要严格控制，如果经过论证确实需要建设的，必须经过环境评价且“三废”处理验收合格后，才可以建设。

目前长白山北景区中心城区的建筑风格以简欧式为主，包括二道白河以及火山温泉部落等区域，还有白山大街两侧的建筑立面、大学城以及部分新建社区。从旅游角度看，城市主体格调应该结合长白山所传承的历史文脉和民俗风情，以东北满族民居风格为基调，并结合现代城市风格，这应该是长白山城市主体格调发展的最佳选择。

2. 设立旅游主题功能区

主题功能区是长白山旅游活动的主要区域之一，主要包括三大片区，分别是和平冰雪娱乐片区、光明片区和黄松浦片区。该区域内的建设活动应控制在建设用地范围内，在建设项目环境评价的基础上，控制建设规模，并注重建筑风貌与环境的协调。

随着高速公路和高铁时代的到来，池北区与敦化市、安图县、抚松县也将进入“同城化”发展阶段。这意味着，资本和要素可以打破行政区划，在“同城化”区域内进行布局和分工。从高铁站和高速公路出入口分布看，到二道白河镇的交通距离在半小时之内的城镇主要有松江镇、永庆乡、两江镇和露水河镇，它们是池北区最为直接的“同城化”区域。也就是说未来会有更多的资本和项目进入这些区域，尤其是对土地需求量大的大型旅游项目也将更容易在这些区域落地，类似于万达度假区和鲁能胜地的项目会在松江镇、永庆乡、两江镇这些城镇落地，正是由于土地管制较松、土地宽裕、成本也较低，并且交通很便利，这些城镇会成为长白山的主题功能区。

从旅游景区上看，露水河镇的国际狩猎场、两江镇的雪山飞湖和松江镇的长白山历史文化园，与长白山北景区现有旅游项目的互补性很强，具有一体化发展的基础条件。例如冬季旅游方面，雪山飞湖的项目可以开展非常好的冰上活动；露水河狩猎场备受高端度假群体的青睐。

长白山北景区与“同城化”区域各自分工，又一体发展，它们通过市场机制共同为吉林省旅游业发展贡献力量。从定位上看，长白山北景区中心城区应该面向高端游客和人群，聚集著名资本和品牌，打造国际度假城市、区域中心城市，而到二道白河镇的交通距离在半小时之内的松江镇、永庆乡、两江镇和露水河镇，要以普通居住区和低星级酒店、社会旅馆等大众旅游接待设施为主，既可以形成互补，又可以对旅游旺季的游客进行分流。

3. 长白山北景区山门

对于山门的建设，应该严格贯彻生态保护优先的理念，确因发展需要新增的用地，可以布置在长白山国家级自然保护区以外，自然保护区内严禁新增建设用地。随着全域旅游的提出，整个长白山要发展成为一个旅游目的地，坚持“旅游城镇化，城镇景区化”的发展思路，全面提高旅游中心城镇及各副中心城镇的集散能力，有效增加城镇和城镇之间、城镇与景区间的旅游客运专线，实现多种交通工具的无缝衔接。在机场和车站等游客集中场所设立专门的旅游咨询服务中心，建设汽车

（房车）营地和驿站体系，完善自驾车服务和保障体系建设，发展智慧旅游，建设旅游电子商务平台，提高旅游信息化水平，建立覆盖全区的旅游公共服务体系。推进旅游与文化、农业、牧业、林业、渔业、体育、商贸、水利等相关行业的融合发展，形成相互协作、互促互进的格局，塑造“处处景区，时时景观”的全域旅游、全时旅游和四季旅游的新格局。

第三节　加强公共服务设施建设

旅游公共服务设施主要指政府与社会多个组织提供的基础性、公益性的旅游产品与服务设施，以满足游客公共需求为主要目的，因此在公共服务设施建设方面主要包括以下内容。

一　拓展旅游公共信息服务设施建设

随着互联网的快速发展，游客出行利用网络平台日益增多，虽然长白山的旅游网站已经非常全面，包括长白山的景点介绍、酒店预订、票务预订和航班交通等信息，能够为游客出行带来方便，让游客快捷地了解信息，进行出行决策。但是，从目前的情况来看，长白山北景区在旅游旺季已经出现了亚超载现象，尤其是在景区观光车站点处、卫生间和游客服务中心等位置，出现了长时间排队的现象。在今后的旅游公共信息服务建设方面，发挥现代信息技术的重要作用，优化旅游公共信息资源配置，建设智慧旅游服务中心，在机场和车站等游客集中场所设立专门的旅游咨询服务中心、游客咨询中心、WiFi 基站、通信站等设施，实现旅游信息共享、扩大旅游景区服务范围。规划建设速度不断加快，发展影响力较大的旅游公共信息服务渠道，建设旅游电子商务平台，提高旅游信息化水平，建立覆盖全区的旅游公共信息服务体系。

二　强化旅游安全保障服务设施建设

长白山北景区全面实施“安全旅游目的地”战略，以社会公共安全保障体系为依托，建立完善的旅游安全管理规章制度，通过对景区旅游产品的开发、旅游项目建设、旅游线路的安排设计以及旅游地的形象塑造来控制旅游的安全风险。对于规划建设项目应该尽量远离自然灾害风险较大的区域，要尽选择在相对安全的地区进行建设，这样可以避免灾害的发生，在登长白山的线路设计方面，由于登山的线路已经建设完毕，无论是步行的栈道还是大巴车的景观道，都已经建设完成了，但是北坡到西坡的穿越路线要尽量选择在完全的区域进行建设，保障游客的旅游安全。为了安全起见，在景区的重要位置要建立醒目的标识系统，在岔路口位置设立安全标识，为游客指引方向，防止游客迷路走失。在易发生地质灾害和野生动物出没的地方要设立警示牌，提示游客注意，避免出现动物伤人的事件。除此之外，还要对景区的员工进行安全风险救援培训，预防安全事故的发生。通过分级医疗基础设施的不断完善，加大旅游风险防范力度，并建立旅游安全应急处置机制，为游客旅游安全提供重要保障，加强旅游安全建设、扩大安全教育宣传力度，不断完善旅游保险保障体系，保证游客旅游安全，创造良好旅游发展环境。

三　完善旅游交通服务设施建设

完善长白山北景区的中心城区和旅游景区公共交通、提高旅游服务水平，发展旅游共同交通，成立多个旅游集散中心。同时，完善公共旅游交通引导标识系统，不断提高旅游交通安全系数、保证旅游交通正常通行。

长白山北景区即将进入高铁和高速公路的“两高”时代，二道白河镇作为“大长白山”旅游交通枢纽的角色越来越突出，需要“进得来、出得去、玩得开、留得住”。

长白山北景区的交通服务设施建设重点应集中在以下三个层面。

一是长白山北景区内外的进出交通。主要是高铁和高速公路。高铁涉及落地集散，主要是公共交通和车辆的租赁；高速公路涉及团队大巴车和自驾车，主要是停车场建设。除此之外，还要解决人们出行的“最后一公里”问题，共享单车、共享汽车、共享电动车的出现已经为旅游提供了重要的支持。如果能开通微公交服务，到访长白山的游客就可以利用共享交通的服务，方便地游览长白山。

二是城镇与景区之间交通衔接。主要是二道白河镇与北景区之间的交通安排，包括车辆换乘和轨道交通等。结合共享经济和智慧出行的发展趋势，要为共享交通出行系统留有预留地，提供必要的无线网络覆盖。

三是长白山景区的内部交通衔接。主要是区内连接线。未来规划可以重点建设环区公路、慢行绿道和轨道交通。

四 优化旅游便民惠民服务体系建设

为居民提供良好的社会旅游基础设施，包括金融、医疗、卫生等基础设施，不断提高卫生服务水平；针对弱势群体，尤其是老人、低收入社会群体，以及学生等提供专门的服务以及政策支持，包括多种形式的旅游惠民产品，改善对此类游客群体的旅游服务质量，不断提高社会群体旅游生活品质；建设和谐社会、提升居民道德素质和居民社会成就感。

五 加强旅游行政服务设施建设

以维护游客的合法权益为出发点，建设服务型旅游行政服务管理体系。分级设置不同的管理设施，创造良好的旅游环境，建立完善的旅游投诉受理机制，加强游客出游文明建设，不断提高公共服务水平。协调各个部门工作，改善旅游服务环境。

第四节 加强北景区旅游服务要素薄弱环节建设

针对北景区旅游服务要素市场现存薄弱环节及若干管理问题，建议从以下几个层面着手进行改进与完善。

一 积极开展业务培训

通过业务培训，可以提高景区管理人员个人业务能力及服务水平，有助于树立良好的服务理念、学习更多的服务专业知识、保持良好的服务态度，为游客留下良好的第一印象，同时利于提升景区形象，这对于景区的可持续发展具有重要意义。景区工作人员个人的道德素质以及服务水平是景区服务质量保障和提升的关键因素，需要加以重视。注重景区工作人员道德素质的提升，使这些工作人员保持不断学习的态度，弥补自身的不足，为景区创造良好的工作环境，促进景区发展。由于长白山存在地质灾害导致的安全问题，因此还要对景区管理人员进行必要的安全培训，既包括安全防护知识的培训也包括简单救援技能的培训。通过安全培训可以让景区工作人员具备应急处理的能力，为游客的旅游安全提供保障。

二　加强环保理论宣传度

加强景区环境治理，不断完善景区基础设施，扩大景区教育宣传力度，使游客树立良好的景区旅游环境保护意识，方可促进景区良性有序发展，也有利于提高景区旅游产品价值。在保护景区自然生态环境的基础上，根据景区自身实际情况，在合适的地点选择绿色环保公共基础设施，尽可能为旅游者提供更好的旅游体验，为景区创造更大的经营利润，也有利于提高游客对大自然的认识，并树立自然保护观念，对加强生态环境保护具有重要作用。

三　加强景区内价格管理与监督

对景区商品制定统一价格标准、统一销售价格，杜绝景区内乱收费、宰客等现象。同时，确保景区商品销售价格公开透明，使游客放心消费。景区所有商品明码实价，发挥管理部门的价格监督作用，也防止弄虚作假、欺骗游客以及其他违反法律法规行为。一旦出现上述问题，要及时采取相应的处罚措施，为及时维护游客合法权益提供重要法律保障。

四　发挥人文资源优势，提高旅游产品内涵

充分挖掘该景区民俗文化特色，不断完善公共娱乐基础设施，为游客提供更好的观光体验，树立景区良好形象，对于维护景区可持续发展至关重要。同时，在游客游览过程中，采取多种措施和办法尽可能平衡游客在各个区域停留时间，一方面可将自然景观旅游高峰期客流量控制在合理范围内；另一方面也利于不断扩大景区影响，达到最佳游览效果。

第五节 主打生态旅游品牌，构建“大长白山”规划理念

一 主打生态旅游品牌

旅游产品的类型与层次建立在现阶段的原始资源实际情况基础上，也建立在人们对旅游资源利用、开发基础上。长白山地理位置优越，自然资源丰富，因此，要想发展旅游业，应利用景区的自然资源，打造生态旅游景区；与此同时，应适当推出地区生态旅游产品，打造适合该地区旅游资源发展的旅游业，开发地区独特的旅游资源，例如冬季可开展冰雪旅游活动，该地区独特的温泉资源有利于发挥温泉旅游优势，也能够发挥该景区森林资源优势，发展探险旅游，并利用东北抗联历史资源发展红色旅游业等，这对于推动该景区历史文化旅游发展具有重要意义，也有利于扩大景区旅游产品影响，打造生态旅游品牌，提升景区旅游产品影响力，为景区创造更大的经济效益，实现景区的可持续发展。通过不断完善现有旅游项目，开发出能够满足国内外游客需求的旅游产品，吸引国内外游客。扩大景区旅游市场规模，保持各个区域游客平衡，减轻自然景区发展压力，进行自我调节，提高自然资源利用效率，实现可持续发展目标。

二 构建“大长白山”规划理念

长白山景区的规划中以北、西、南三个景区为主要游览区，三个景区以各自的旅游地理位置、森林、水源、动植物等自然风光为主线，辅助景区内的各种现代设施，在每年的旅游人员流量上呈现出了以时间为特点的变化，旺季时景区常常出现旅游人次集中的现象，各景区（点）经常出现“门庭若市”的拥挤状态，从而难以达到自然景区的自我调节，在人为控流的调整下又难以满足游客需求，而游客游览量超出了景区的承载力就会导致景区生态环境遭到破坏，从而导致长白山生物物种消失、水土流失、生物多样性遭到破坏，以及水资源枯竭、水质质量下降、水源污染严重等问题出现，而长白山地区的森林和湿地资源又影响

着吉林省乃至整个东北地区，所以在不以自然环境承载力为标准的情况下开发和规划，必将导致其自然环境超载并恶化，也会影响景区的可持续发展。资源破坏问题严重，尤其是北景区作为最先开发的景区，其资源开发利用不合理，且生态环境遭到破坏，景区管理机制不完善，基础设施落后，旅游产品质量不佳，导致景区形象受损，影响了景区今后的发展，根据有关调查数据可以了解到，该景区的客流量远远超出了其他两个景区。根据这一发展趋势，有关部门首先要制定科学的发展战略，对该景区今后的发展进行准确定位，严格控制好景区游客数量，防止游客人数超出景区的承载量，保护景区的生态环境，不断完善该景区的基础设施，保证景区旅游产品质量，为游客提供更好的观光体验。同时，还需要根据该地区实际情况进行合理布局，注重北景区周边区域经济发展，并围绕该景区生态旅游着手发展特色化、区域特征明显的休闲旅游业，将民俗文化与旅游景区发展相结合，打造文化旅游景区。严格控制景区游客量，建立完善的景区生态环境保护机制，防止游客对景区资源的破坏，并加大景区生态环境保护力度，对游客破坏景区生态旅游产品的行为，给予严厉的处理，提高游客的景区保护意识。这些措施利于解决景区客流量高峰问题，也能够加强生态环境建设，创造良好的区域环境，提高该地区旅游景区承载力。

第六节　以“五位一体”为目标，提高景区管理水平

长白山北景区拥有得天独厚的自然资源，以及神奇秀丽的自然景观，为该景区生态旅游业发展的提供了支持。长白山北景区在发展旅游业的过程中要注重资源和管理的和谐发展，按照“五位一体”统一发展的和谐模式开展相关的规划，即从政治、经济、文化、社会、生态五个方面合理制定发展规划，并使该地区在上述五个方面中能够共同发展，实现“政治、经济、文化、社会、生态”效益的有机统一，为景区创造更大的效益，提升景区生态环境，实现该景区的可持续发展。

一　做到符合国家政策，适应省市发展

在发展旅游经济的过程中，一定要响应国家的政治政策，符合国家

合理开发旅游资源的目标，同时也要结合吉林省的实际情况，在符合国家发展的前提下制定符合省内旅游资源发展的规划，遵循旅游业发展规律，要响应“绿水青山就是金山银山”的生态精神，做到生态发展同政治要求相匹配，不能再出现违规、违法的不合理规划，或者出现为个人谋私利的情况，处理好经济发展和环境保护的关系。

二 开发具有地域特色的旅游新产品

要把握好该景区现有的历史、文化资源，开发出适应该景区发展的特色旅游产品，如果能够将经典与民俗、文化传统相结合，甚至在该景区打造专门的游客休息区，或提供人文历史遗迹以及文化古迹展示，则有利于提升旅游产品影响力，也能够提高旅游产品价值，有利于吸引更多的游客，也能够促进该景区发展，为景区创造更大的经济效益，对实现景区的可持续发展具有重要意义。该景区自然生态资源目的未得到充分利用，因此要制订科学的发展计划、加强景区组织管理、加大旅游产品开发力度，体现地区特色，并建立完善的景区消费市场管理体系，不断完善景区基础设施，满足游客消费需求，还要不断开发多元化的旅游纪念品，扩大旅游消费市场规模。

三 发挥地区民族文化特点提升旅游精神内涵

文化自信是最基础、最广泛、最深厚的自信，长白山地区作为民族文化的一支，更应该成为宣扬中华文化的一个重要场所，所以在长白山地区旅游资源开发过程中也要注重文化旅游资源的开发，这种开发不仅需要旅游管理部门的发掘整理，更需要政府等相关部门的通力合作，这样才能将长白山地区的旅游文化凝练，才能将旅游产品中蕴藏的精神内涵提升，更重要的是将旅游从简单的观光层面上升到思想境界层面，而这个过程就需要发挥管理部门和文化旅游资源协同的力量，这也是旅游中的文化内涵体现。

四 做到人与自然统一和谐发展

就社会层面而言，不仅要加大长白山旅游宣传力度，还要充分发挥社会各界人士的重要作用，为该景区生态资源保护提供支持，使人与自然能够和谐共处；同时，还要对该景区自然资源做综合评估，在分析该景区自然生态资源的基础上，做实证研究，从可持续发展角度制定景区发展规划，国家与政府也要相互合作，提高景区自然资源利用率，政府要制定财政支持政策；充分利用好景区内外资源，发挥景区优势，建立完善的景区旅游资源网络，实现生态效益、社会效益、经济效益的统一，为长白山旅游业创造良好的发展环境。

五　对景区环境进行合理有序管理

生态旅游是长白山旅游发展的方向，因此要遵循生态保护规律，要在景区环境承载力范围加强景区管理，首先要在景区加大环保知识宣传力度并开展多种形式的特色活动，不断提高游客的环保意识，并将这种意识融入到日常的生态环境保护实践当中。完善景区基础设施建设，为景区工作人员提供专门的环保知识培训，使景区内外形成良好的环保氛围。

第七节　加快旅游小镇的建设步伐

一　编制长白山区域总体发展规划

城镇化建设是扩大投资规模、拉动内需的发展战略，是解决民生问题的重要举措。在长白山发展过程中，首先要抓住小城镇试点建设发展机遇，进行区域城镇化建设，不断提升该景区旅游业影响力，发挥其辐射效应，带动周边地区经济发展，尽可能将该景区周边城镇发展为国家级的生态旅游区，提高全民参与积极性。

在市场引导下，建立景区科学发展机制，将多种城镇化手段相结合，带动景区周边城镇经济发展，这些城镇的发展将会促进景区发展，两者相互影响，相互促进，实现合作共赢。保证市场机制的正常运营，推动市场经济的发展。在城镇化发展初步阶段，首先要建立“样板工程”，不断提升其示范效应，实施城镇化运营项目，并建立相应的融资平台。之后要提高自然资源利用效率，与人文资源相结合，还要加强与城镇运营商之间的合作。同时，由于民营经济市场主体发展速度不断加快，发展“草根经济”是景区经济发展的关键，这种经济模式有利于带动景区旅游业发展，也能够为景区创造良好的经济发展环境，提高其他资源利用效率，带动周边城镇经济发展。优化景区资源配置，有效控制城市发展成本，实现景区生态效益、经济效益、社会效益的统一，使景区经济发展为社会发展提供支持，并成为社会经济发展的重要组成部分，建立该景区城镇化建设发展机制，制定科学的景区发展规划，实现资源共享，保证景区资源得到合理利用，并实现该景区的区域化发展以及可持续发展。

将长白山生态资源保护作为特色城镇化建设当中的重要组成部分。扩大保护区面积能够保证生态资源建设，加强景区生态环境保护力度，保护景区生物多样性和物种的繁衍，也能够完善景区生态功能，并提高生态环境承载能力，有利于推动景区的可持续发展。同时，根据景区实际情况以及自然资源数量，制定“大长白山”保护规划，为该景区生态安全提供重要保障。

二　建设重点旅游交通环线

“长白山生态保护环线”公路围绕长白县等一些城镇开展建设，沿线打造了多个卫星式旅游换乘综合服务区，为该景区生态保护提供了支持，也有利于景区生态保护治理。自驾游车辆主要放在环线各交通节点，游客乘坐大巴进入景区，减轻景区压力，也能够防止游客对景区的破坏，可以促进周边地区经济发展，对景区生态环境保护具有重要作用。

长白山管委会制定了景区公路发展规划以及基本规章制度。按照这些规定打造旅游交通线路，可以让长白山景区生态旅游实现长远发展，为该景区特色城镇化建设提供支持，使景区经济发展带动周边城镇经济发展，实现共赢。

三　成立特色城镇化联盟

加快“大长白山”区域旅游业发展，首先要从省级层面制定景区发展规划，同时，还需要加强基础建设，不断完善景区发展规划，并实现景区城镇化建设珠链式布局，加快区域经济发展，提高景区综合实力。

同时，还需要启动“长白山生态保护环线”项目，建立该景区与其他周边景区城镇相结合的旅游干线公路网络，解决该景区特色城镇化发展过程中存在的问题，不断完善景区生态保护机制，以及旅游产业链，实现区域城镇化的快速发展。

以旅游综合体为基础，加快景区特色城镇化建设。并不断提高城镇公共服务水平，完善基础设施，制定景区统一发展规划，对其功能进行准确定位，并带动周边地区经济发展。在池北区二道白河镇开展试点，打造产业园，加强民俗文化社区建设，提高产业、人流集聚力，加快景区发展，按照“宝马城”等项目基本要求，不断扩大金融产业发展规模，创造良好的经济发展环境，积极发展旅游产业和民营经济，并将长白山景区逐步发展为全新的经济业态的繁育中心。

总之，长白山景区建设要着力打造文化旅游生态区，建设特色化的能够满足百姓生活需求的生态基地，根据景区的实际情况制定科学的发展规划，不断完善景区基础设施，开发特色旅游产品，提高景区旅游产品价值，提升景区工作人员的服务水平以及综合素质，保证景区旅游产品质量，为游客提供更好的服务，实现景区的可持续发展。

第七章

结论与展望

第一节　主要研究结论

长白山景区是吉林省旅游业中最为重要的旅游资源之一，是吉林省旅游业发展的旗帜。长白山旅游资源开发相对较早，而长白山北景区作为长白山开发最早的旅游景区，建设工作相对成熟，但由于长白山旅游资源的独特性，决定了长白山旅游业的发展形式不能完全效仿其他景区的建设思路，当前各部门对于长白山旅游资源的开发和管理也存在明显的问题，部分旅游资源的高强度开发已经超过了旅游承载力的合理限度，影响了长白山旅游产业的可持续发展，因此本书选择北景区作为重点案例区域，从旅游环境承载力的内涵与特性入手，利用旅游系统论、人地关系理论、可持续发展、生态脆弱性理论、旅游生命周期理等理论，从供给—需求双重维度，通过问卷调查法和专家咨询法，构建长白山北景区旅游环境承载力指标体系，对长白山北景区旅游环境承载力进行研究，探究其瓶颈问题，提出具有可操作性的对策建议，旨在为长白山景区的可持续发展提供有效的理论和技术支撑。主要研究结论如下。

一　长白山北景区旅游环境问题凸显

通过对长白山地区的自然环境、经济环境、体制管理沿革、城镇化建设等方面的综合分析，当前长白山北景区旅游环境问题已经十分明显。在自然环境方面，长白山北景区自然环境承载压力较大，自然资源的不合理开发和人类高强度的活动已经对生态环境造成巨大压力。景区中的过度建设致使森林和湿地破坏严重，矿泉水等地下水开采过度，景区中的垃圾问题突出，部分游客的不良行为导致高山苔原等植被破坏严重，区内和外围的气体、水体、噪声问题日趋严重，旅游资源开发带来的人类活动也对景区内的动植物种群造成危害。发展软环境方面的问题也较为突出，长白山旅游市场的需求体系、供给体系、产品体系和要素体系都存在明显的问题，交通、餐饮、住宿、文娱等配套设施仍然较为短缺，管理体制方面也存在明显短板，行政管理体制尚未理顺，长白山管委会与周边县市的行政主体关系也需要进一步梳理，与区域的城镇化进程仍存在协调性不足的问题。

二　从供给—需要双重维度构建旅游环境承载力评价体系

建立旅游环境承载力评价体系是本研究的重要方法和关键内容之一，在综合考虑旅游、生态、环境、社会等多个系统的基础上，建立涵盖多个方面的复合开放系统，从而构建出长白山北景区旅游环境承载力评价指标体系。

本书从供给与需求角度，以“人与地”为中心视角，将旅游环境承载力纳入“承载基体与承载客体”复合系统中进行分析。从供给上，承载基体由“生态—经济—社会”复合系统组成；从需求上，承载客体主要体现在旅游者的心理感知承载力。因此，本研究的旅游环境承载力由生态环境承载力、经济环境承载力、社会环境承载力和心理环境承载力四部分组成。其中，生态环境承载力是旅游环境承载力的限制因素，经济环境承载力是旅游环境承载力的动力因素，社会环境承载力是旅游环境承载力的基础因素，而心理承载力是旅游环境承载力的胁迫因素。

三　旅游环境承载力评价体系需要综合考虑多层次指标

为了全面分析该系统基本特征，将该景区旅游环境承载力评价指标体系划分为三个层次，目标层代表着该景区旅游环境承载力的目标的差异；准则层是对第一层次四个目标的进一步分解和描述；指标层是进行量化以及进行及时调控的重要因素，也是判断该景区旅游环境承载力的最底层的元素。长白山北景区的旅游环境承载力评价指标体系分为经济、生态、社会、心理 4 个准则层，合计 20 个指标。利用层次分析法确定 20 个指标权重，利用 yaahp 软件确定权重并进行一致性检验，经过计算得出经济环境承载力的权重是0.3458，生态环境承载力的权重是0.4884，社会环境承载力的权重是0.1169，心理承载力的权重是0.0489。根据旅游承载力状况并综合参考国内外研究成果、咨询专家等，制定了评价标准和流程，并以加权评价法为主，建立多层次综合评价模型，确定承载力综合评估指标。该景区生态环境承载力划分为弱载（≤0.2）、亚适载（0.21—0.39）、适载（0.40—0.59）、亚超载（0.60—0.79）和超载（0.80—1.0）5个评价等级。

四 旅游环境承载力评估结果存在明显淡旺季差异

通过对北景区旅游环境承载力的4个维度和20个指标的综合评估，主要结果如下：（1）在经济承载力方面，发展空间较大，当前不会成为制约旅游发展的要素；（2）在生态环境承载力方面，长白山北景区森林的覆盖率高，生物多样性好，旅游气候舒适，水体水质达标率高，在生态角度旅游承载力仍然能够可持续发展；（3）在社会承载力方面，通过对游居指数、居民环保意识、地域文化特性指标的分析发现长白山北景区周边以及城镇的居民对环保较为重视，对可持续发展较为认同，生活态度积极；（4）在心理承载力方面，重点考察游客对景区的拥挤度、满意度、投诉率，分析后可得到游客在长白山北景区的心理承载力受淡季和旺季的影响略有不同，而游客关注更多的是在景区中游览的舒适度和拥挤度。通过测算得知，旅游淡季长白山北景区经济环境承载力为0.1968，生态环境承载力为0.2578，社会环境承载力为0.0829，心理承载力为0.266，旅游综合承载力为0.5568，综合来看，长白山北景区淡季处于适载状态。而旅游旺季长白山北景区经济环境承载力为0.2228，生态环境承载力为0.2578，社会环境承载力为0.0829，心理承载力为0.0399，旅游综合承载力为0.6034，综合来看，长白山北景区旅游旺季处于亚超载状态。

五 长白山北景区未来旅游发展需要强化规划和有效管理

在问题分析和承载力评价基础上，本研究尝试提出部分长白山北景区旅游可持续发展的对策建议，供相关部门在长白山旅游开发管理时参考，采取这些措施将有利于减轻长白山旅游活动对环境的压力，降低环境承载力值，提高长白山景区的旅游承载能力。具体包括制定长白山生态环境保护规划，严格设定限建区域，加强公共服务设施建设，加强北景区旅游服务要素薄弱环节建设，主打生态旅游品牌，构建“大长白山”的规划理念，以“五位一体”为目标提高景区管理水平，加快旅游小镇建设步伐等。

第二节　研究特色与可能的创新

本研究以长白山景区为研究对象，从问题分析入手，通过系统、综合的研究方法，开展旅游环境承载力相关问题的评价及研究，并提出未来发展路径的建议，本研究的创新点包括以下几方面。

（1）从旅游环境承载力的内涵与特性入手，利用旅游系统论、人地关系理论、可持续发展、生态脆弱性理论、旅游生命周期理等理论，从供给—需求双重维度，通过问卷调查法和专家咨询法，构建长白山北景区旅游环境承载力指标体系，避免从供给或需求单一维度构建评价指标体系的不系统、不科学情况发生。

（2）基于对长白山北景区旅游发展过程中存在的突出问题，明确了旅游环境承载力评估程序及评估标准，运用所开发的测评工具在一手实证调查资料基础上，对长白山北景区的旅游环境承载力进行评估和比较分析，得到较为可靠的结论。

（3）本研究尝试在评价结果基础上结合长白山北景区旅游环境系统特征及旅游环境承载力多维度格局，从区域分析的视角，综合考虑长白山及周边县市的城镇化阶段与特征，指出长白山北景区在城镇化建设过程中存在的问题，并提出具有一定创新性的旅游环境提升举措，对长白山地区的未来旅游业有序发展提供了较好的路径选择。

第三节　研究不足与展望

由于研究时间、调查手段、调查条件等多方面的限制，本研究仍然存在一些不足和有待进一步提升之处。

（1）长白山北景区作为长白山景区中开发较早的典型性景区具有

很好的研究意义，但是其并不能完全涵盖长白山景区的所有特征。本研究主要关注了长白山北景区，缺少对长白山整体景区的关注，而我国境内的整个长白山景区包含了西景区、北景区、南景区，所以在研究长白山的旅游承载力时应该将三者共同研究，特别是西坡和南坡开放比北坡要晚，更应该结合旅游资源可持续发展的理论将其合理规划，科学管理，因此在后续研究中应进一步扩大研究范围，将我国境内的长白山景区整体纳入研究区域，探讨长白山景区的旅游环境承载力，以获得更可靠更全面的结论。

（2）对于旅游景区的环境承载力的相关研究已经在国内形成了一定的研究基础，旅游活动作为以人为核心的社会经济活动应该加强行为研究。对长白山游客行为的研究在本书中未能有所涉及是一大遗憾，在当前大数据研究开始广泛进入各个领域的时代背景下，如果能依托旅游者在长白山景区相关旅游活动的行为大数据开展旅游者旅游行为的实证研究，将会有效地弥补传统分析中的不足，这是本研究在未来将着力加强的一个重要方向，后续将努力尝试在该方向上开展深入探讨。

附　录

长白山北景区游客体验调查

您好！为了了解您对长白山北景区的旅游满意程度，并为我们今后旅游发展提供建议，特此设计了一份调查问卷，衷心感谢您能抽出宝贵时间完成这份问卷！本问卷采取不记名方式，您所填的信息仅供东北师范大学研究生论文之用，完全不对外公开，请您放心！

1. 您认为长白山北景区最具有吸引力的是（多选）

A. 长白山天池　B. 长白山瀑布　C. 垂直景观带　D. 温泉

E. 滑雪　F. 地下森林　G. 绿渊潭　H. 其他__________（请注明）

2. 您觉得长白山北景区在哪些方面应该加强改善？（　　）（多选）

A. 生态环境　　　　B. 基础设施　　　　C. 景区交通

D. 景区工作人员管理　E. 景区卫生环境　　F. 其他______（请注明）

3. 您觉得长白山北景区在旅游基础服务设施方面还有哪些地方需要改进？（　　）（多选）

A. 景区 WiFi 全覆盖　　　　B. 手机 App 智能讲解

C. 医疗设备齐全　　　　　D. 景区通信信号良好

E. 其他__________（请注明）

4. 您觉得长白山北景区是否拥挤？（　　）（单选）？

A. 非常拥挤　B. 拥挤　C. 一般　D. 不拥挤

5. 您还会再来长白山北景区旅游吗？（　　）（单选）

A 会　B 不会

6. 您对长白山北景区旅游发展有什么建议？

请您就长白山北景区以下方面做出评价。根据您的满意程度打分，5 分表示非常满意，4 分表示满意，3 分表示一般，2 分表示不满意，1 分表示非常不满意。

	非常不满意	不满意	一般	满意	非常满意
您对长白山北景区住宿条件是否满意	1	2	3	4	5
您对长白山北景区餐饮条件是否满意	1	2	3	4	5
您对长白山北景区的自然环境是否满意	1	2	3	4	5
您对长白山北景区的卫生情况是否满意	1	2	3	4	5
您对长白山北景区的旅游基础服务设施是否满意	1	2	3	4	5
您对长白山北景区的总体满意情况	1	2	3	4	5

背景资料

1. 你的性别（　　）

A. 男　　B. 女

2. 您的年龄（　　）

A. 18 岁以下　　B. 19—30 岁　C. 31— 40 岁　D. 41—50 岁

E. 50 岁以上

3. 您的学历（　　）

A. 高中及以下　　B. 大专　　　C. 本科　　　D. 本科以上

4. 您的职业（　　）

A. 公务员　　B. 专业人员 \ 技术人员 \ 科教 \ 医务

C. 企事业单位经营管理人员位　D. 企事业单位一般职工

E. 个体户　F. 无业人员 \ 下岗　G. 学生

H. 三资 \ 私人企业职工　　I. 其他

5. 您的个人月总收入（　　）

A. 2000 元以下　　　　B. 2001— 4000 元

C. 4001— 6000 元　　　　D. 6001—8000 元

E. 8001—10000 元　　　　F. 10000 元以上

感谢您对长白山北景区游客体验调查的支持，祝您生活愉快！

参考文献

中文文献

艾琳:《呼伦贝尔草原生态旅游环境承载力研究》,博士学位论文,北京林业大学,2010年。

保继刚:《颐和园旅游环境容量研究》,《中国环境科学》1987年第2期。

卞显红、王苏洁:《城市旅游空间规划布局及其生态环境的优化与调控研究》,《人文地理》2003年第10期。

蔡绍洪、俞立平:《循环产业集群的内涵、机理与升级研究——构建西部生态脆弱地区绿色增长极》,《管理世界》2016年第11期。

曹广成:《长白山生态旅游开发对策》,《东北师大学报》(自然科学版)2008年第4期。

昌晶亮、余洪:《大湘西地区旅游与城镇化耦合发展研究》,《经济地理》2016年第6期。

陈安泽、卢云亭:《旅游地学概论》,北京大学出版社1991年版。

陈才、龙江智:《旅游景区管理》,中国旅游出版社2008年版。

陈枫等:《基于VSD模型的黄土高原丘陵沟壑区县域生态脆弱性评价——以甘肃省临洮县为例》,《干旱区资源与环境》2018年第11期。

陈健生:《生态脆弱地区农村慢性贫困研究》,博士学位论文,西南财经大学,2008年。

陈帅等:《旅游资源非优区人居环境空间格局及其影响因素研

究 ——以吉林省为例》,《生态经济》2018 年第 11 期。

陈文捷、闫孝茹:《区域城市旅游生态位测评及发展策略研究——以珠江西江经济带为例》,《生态经济》2019 年第 9 期。

陈严武:《基于熵值模糊综合评价的崇左市旅游生态环境承载力研究》,《海南师范大学学报》(自然科学版)2017 年第 6 期。

谌贻庆、甘筱青:《旅游资源与开发系统的承载力分析》,《江西社会科学》2004 年第 4 期。

程利莎等:《中国东北地区地缘关系演化过程及区域效应》,《地理科学》2019 年第 8 期。

丛小丽等:《吉林省生态旅游与旅游环境耦合协调度的时空演化研究》,《地理科学》2019 年第 3 期。

崔凤军等:《旅游承载力指数及其应用研究》,《旅游学刊》1998 年第 3 期。

崔凤军等:《泰山旅游需求时空分布规律及旅游者行为特征的初步研究》,《经济地理》1997 年第 3 期。

崔凤军:《环境承载力论初探》,《中国人口·资源与环境》1995 年第 1 期。

崔凤军、刘家明:《旅游环境承载力理论及其实践意义》,《地理科学与进展》1998 年第 1 期。

崔凤军:《旅游环境研究的几个前沿问题》,《旅游学刊》1998 年第 5 期。

崔凤军:《论旅游环境承载力——持续发展旅游的判据之一》,《经济地理》1995 年第 1 期。

崔凤军:《山岳型风景旅游区生态负荷与环境建设研究:泰山实证分析》,《应用生态学报》1999 年第 5 期。

戴学军等:《可持续旅游下旅游环境容量的量测问题探讨》,《人文地理》2002 年第 6 期。

邓波等:《区域生态承载力量化方法研究述评》,《甘肃农业大学学报》2003 年第 3 期。

丁新军、田菲:《世界文化遗产旅游地生命周期与旅游驱动型城镇化研究——基于山西平遥古城案例》,《城市发展研究》2014 年第 5 期。

丁兴旺：《中国名胜地质丛书：白头山天池》，地质出版社1982年版。

董巍等：《生态旅游环境承载力评价与功能分区研究——以金华市为例》，《复旦大学学报》（自然科学版）2004年第6期。

杜明义、余忠淑：《生态资本视角下的生态脆弱区生态贫困治理——以四川藏区为例》，《理论月刊》2013年第2期。

杜忠潮：《陕西金丝峡国家森林公园旅游环境承载力探析》，《西北林学院学报》2012年第5期。

方广玲等：《西南山区旅游生态承载力研究》，《生态经济》2018年第2期。

方恺等：《自然资本核算的生态足迹三维模型研究进展》，《地理科学进展》2012年第12期。

方世巧等：《森林旅游生态补偿的机制与对策分析》，《生态经济》2018年第5期。

冯孝琪：《骊山风景名胜区环境容量现状评价》，《资源开发与保护》1991年第2期。

甘静等：《吉林省旅游经济差异性及其空间格局研究》，《地域研究与开发》2016年第6期。

高嵩等：《东北振兴以来吉林省区域经济差异的时空演变研究》，《地理科学》2017年第11期。

何腾：《基于协同学的西部民族地区旅游城镇化发展研究》，《贵州民族研究》2013年第1期。

贺握权、黄忠良：《鼎湖山生态旅游特质、潜力及承载力分析》，《热带地理》2004年第9期。

胡炳清：《旅游环境容量计算方法》，《环境科学研究》1995年第3期。

胡向红等：《基于二阶段锡尔系数的黔南州旅游生态环境承载力研究》，《生态经济》2018年第12期。

黄元豪等：《森林型风景区旅游环境承载力研究——以天台山国家森林公园九鹏溪风景区为例》，《生态经济》2018年第7期。

黄震方等：《海滨型旅游地环境承载力评价研究——以江苏海滨湿

地生态旅游地为例》,《地理科学》2008 年第 4 期。

吉林省文物志编委会:《安图县文物志》,吉林省文物志编委会 1985 年版。

贾志涛、曾繁英:《基于改进 AHP 的旅游环境承载力评价研究——以鼓浪屿景区为例》,《商业经济》2017 年第 2 期。

焦华富等:《旅游城镇化的居民感知研究——以九华山为例》,《地理科学》2006 年第 5 期。

靳英华等:《火山干扰下的长白山植被分布规律》,《地理科学》2013 年第 2 期。

李博浩等:《基于成分法的黑龙江冰雪旅游生态足迹研究——以雪乡为例》,《中国林业经济》2019 年第 4 期。

李春茂等:《生态旅游环境容量的确定与量测》,《林业建设》2000 年第 5 期。

李东和:《国际生态旅游市场分析》,《旅游学刊》1999 年第 1 期。

李丰生:《生态旅游环境承载力研究——以漓江风景名胜区为例》,博士学位论文,中南林学院,2005 年。

李国伟等:《天然林资源保护工程对长白山林区森林生态系统服务功能的影响》,《生态学报》2015 年第 4 期。

李鹤、张平宇:《东北地区矿业城市社会就业脆弱性分析》,《地理研究》2009 年第 3 期。

李虹:《中国生态脆弱区的生态贫困与生态资本研究》,博士学位论文,西南财经大学,2011 年。

李佳芮等:《基于 VSD 模型的象山湾生态系统脆弱性评价分析体系的构建》,《海洋环境科学》2017 年第 2 期。

李江天、甘碧群:《基于生态足迹的旅游生态环境承载力计算方法》,《武汉理工大学学报》(信息与管理工程版)2007 年第 2 期。

李敏:《长白山保护开发区农业生态旅游可持续发展评价研究》,《中国农业资源与区划》2015 年第 5 期。

李强:《旅游城镇化发展模式与机制研究》,博士学位论文,东北师范大学,2013 年。

李庆龙:《生态旅游承载力问题的探讨》,《林业经济问题》2004 年第 6 期。

李时蓓、张菁:《从大气环境规划单方面确定旅游环境容量的方法简介》,《环境科学研究》1988 年第 2 期。

李文博等:《珠穆朗玛峰景区旅游环境承载力评价指标体系构建》,《四川林勘设计》2013 年第 3 期。

李艳娜、张国智:《旅游环境容量的定量分析——以九寨沟为例》,《重庆商学院学报》2000 年第 6 期。

李杨:《长白山自然保护区旅游产业可持续发展研究》,博士学位论文,吉林大学,2012 年。

李元元:《关于旅游承载力理论应用问题的思考》,《南开管理评论》2001 年第 5 期。

李正波:《论生态旅游的保健功能》,《林业科技通讯》2001 年第 11 期。

梁明珠:《城市旅游开发与品牌建设研究》,暨南大学出版社 2009 年版。

梁智:《旅游目的地社会经济承载力的经济学分析》,《南开管理评论》2002 年第 4 期。

林秀治等:《湿地公园旅游环境承载力预警评价研究——以云霄红树林湿地公园为例》,《林业经济问题》2017 年第 5 期。

林祖锐等:《LAC 理论指导下的古村落旅游容量研究 ——以国家级历史文化名村小河村为例》,《资源开发与市场》2018 年第 2 期。

刘丹萍、梁雪石:《基于森林资源资产价值评估的旅游生态补偿机制研究——以帽儿山国家森林公园为例》,《国土与自然资源研究》2018 年第 6 期。

刘军、马勇:《旅游可持续发展的视角:旅游生态效率的一个综述》,《旅游学刊》2017 年第 9 期。

刘康:《生态规划——理论、方法与应用》(第二版),化学工业出版社 2011 年版。

刘玲:《旅游环境承载力研究方法初探》,《安徽师范大学学报》(自然科学版) 1998 年第 3 期。

刘玲:《旅游环境承载力研究》,中国环境科学出版社 2000 年版。

刘敏等：《国内外旅游城镇化研究进展》，《人文地理》2015 年第 6 期。

刘明菊等：《长白山北景区旅游可持续发展研究》，《税务与经济》2015 年第 3 期。

刘汀：《生态脆弱地区旅游发展的社区参与模式研究》，博士学位论文，西南交通大学，2016 年。

刘益：《大型风景旅游区旅游环境容量测算方法的再探讨》，《旅游学刊》2004 年第 6 期。

刘云：《休闲旅游与区域城镇化互动融合实证研究》，《江淮论坛》2014 年第 3 期。

刘庄：《祁连山自然保护区生态承载力评价研究》，博士学位论文，南京师范大学，2004 年。

龙良碧：《万盛风景区旅游环境容量研究》，《西南师范大学学报》（自然科学版）1995 年第 3 期。

卢松等：《旅游环境容量研究进展》，《地域研究与开发》2005 年第 6 期。

吕霞霞等：《崆峒山风景区生态旅游环境承载力实证分析》，《旅游资源》2014 年第 3 期。

罗丽英、魏真兰：《城镇化对生态环境的影响路径及其效应分析》，《工业技术经济》2015 年第 6 期。

马丽等：《中国中心城市内生动力和支撑力综合评价》，《经济地理》2019 年第 2 期。

马勇、刘军：《区域城镇化进程与旅游产业效率关系研究》，《湖北大学学报》（哲学社会科学版）2016 年第 3 期。

马勇：《旅游规划与开发》（第三版），高等教育出版社 2012 年版。

马勇：《旅游学概论》，中国旅游出版社 2004 年版。

莫莉秋：《海南省乡村旅游资源可持续发展评价指标体系构建》，《中国农业资源与区划》2017 年第 6 期。

倪强：《近年来国内关于生态旅游研究综述》，《旅游学刊》1999 年第 3 期。

倪伟、魏益华：《实现长白山旅游资源可持续利用的途径和措施》，

《经济纵横》2002 年第 11 期。

倪晓娇等:《基于多灾种自然灾害风险的长白山地区生态安全综合评价》,《地理研究》2014 年第 7 期。

曲颖:《普洛格心理类型目的地定位法的引荐与阐释——促成最大化游客量增长的利器》,《外国经济与管理》2015 年第 7 期。

全华:《生态旅游区人文建筑动态阈值模型》,《旅游学刊》2002 年第 6 期。

石佳:《泰山旅游景区的游客投诉调处研究》,硕士学位论文,山东农业大学,2018 年。

舒晶:《旅游承载力及测度》,《北京第二外国语学院学报》2001 年第 3 期。

束惠萍等:《乡村振兴战略下旅游度假区可持续发展研究——以天目湖旅游度假区为例》,《东北农业科学》2019 年第 3 期。

宋一凡等:《一种基于 SWAT 模型的干旱牧区生态脆弱性评价方法——以艾布盖河流域为例》,《生态学报》2017 年第 11 期。

孙道玮等:《生态旅游环境承载力研究——以净月潭国家森林公园为例》,《东北师范大学学报》2002 年第 1 期。

孙林、文庆玉:《简述长白山生态脆弱性及其生物多样性》,《黑龙江科技信息》2011 年第 4 期。

孙玉军、王如松:《生态旅游景区环境容量研究》,《应用生态学报》2000 年第 4 期。

汤晓雷等:《旅游环境容量及环境承载率研究——以武汉市东湖风景区为例》,《工业安全与环保》2017 年第 1 期。

唐承财等:《旅游地可持续发展研究综述》,《地理科学进展》2013 年第 6 期。

陶慧等:《基于 A-T-R 的旅游小城镇分类、评价与发展模式研究》,《地理科学》2015 年第 5 期。

陶慧等:《基于三生空间理念的旅游城镇化地区空间分区研究——以马洋溪生态旅游区为例》,《人文地理》2016 年第 2 期。

田超等:《吉林省西部地区生态脆弱性的动态评价》,《水土保持研究》2018 年第 4 期。

田海宁:《汉中市生态脆弱性评价及空间分布规律研究》,《中国农业资源与区划》2017 年第 3 期。

田俊峰等:《东北三省城市土地利用效益评价及耦合协调关系研究》,《地理科学》2019 年第 2 期。

万建香:《旅游业的可持续发展及模型研究新论》,《企业经济》2002 年第 6 期。

王彬燕等:《中国数字经济空间分异及影响因素》,《地理科学》2018 年第 6 期。

王恩旭、吴荻:《旅游驱动型城市旅游城镇化效率时空差异研究》,《南京社会科学》2016 年第 10 期。

王广磊:《淮河流域伏牛山区生态脆弱度和退化驱动力格局与动态》,硕士学位论文,河南农业大学,2010 年。

王辉、林建国:《旅游者生态足迹模型对旅游环境承载力的计算》,《大连海事大学学报》2005 年第 3 期。

王慧等:《基于 BP 神经网络的森林旅游景区环境承载力预警系统构建研究——以太岳山国家森林公园石膏山景区为例》,《林业经济》2018 年第 3 期。

王剑、熊康宁:《旅游环境承载力在待开发景区规划中的应用初探——以贵州东风湖为例》,《中国岩溶》2002 年第 4 期。

王楠:《长白山保护开发区城镇化建设研究》,硕士学位论文,吉林大学,2014 年。

王荣成主编:《吉林省旅游资源分析与评价》,中国旅游出版社 2011 年版。

王士君等:《从中心地到城市网络——中国城镇体系研究的理论转变》,《地理研究》2019 年第 1 期。

王士远等:《长白山自然保护区生态环境质量的遥感评价》,《地理科学进展》2016 年第 10 期。

王天亮、戴士权:《满族萨满文化与长白山旅游开发》,《黑龙江民族丛刊》2015 年第 3 期。

王文斌:《旅游景区环境承载力研究——以九寨—黄龙核心景区为例》,博士学位论文,西南交通大学,2007 年。

王宪礼等：《长白山生物圈保护区旅游的环境影响研究》，《生态学杂志》1999 年第 3 期。

王晓春：《中国东北亚高山林线对全球气候变化的响应》，博士学位论文，东北林业大学，2004 年。

王新越等：《山东省旅游城镇化响应的时空分异特征与类型研究》，《地理科学》2017 年第 7 期。

王亚非、张丽霞：《支撑北京低碳经济发展的生态承载力研究》，中国统计出版社 2014 年版。

王园园：《高铁对吉林省旅游空间结构的影响研究》，硕士学位论文，东北师范大学，2018 年。

王云等：《环长白山旅游公路对野生动物的影响》，《生态学杂志》2013 年第 2 期。

王兆峰、余含：《基于交通改善的湘西旅游城镇化响应时空分异与机制研究》，《经济地理》2013 年第 1 期。

王振海等：《长白山苔原带土壤动物群落结构及多样性》，《生态学报》2014 年第 3 期。

韦健华、王尔大：《基于游客体验效用的旅游承载力评价方法》，《旅游学刊》2015 年第 4 期。

文传浩：《自然保护区生态旅游环境承载力综合评价指标体系初步研究》，《农业环境保护》2002 年第 4 期。

翁钢民、杨秀平：《国内外旅游环境容量研究评述》，《燕山大学学报》（哲学社会科学版）2005 年第 3 期。

吴必虎等：《旅游学概论》，中国人民大学出版社 2013 年版。

吴必虎：《区域旅游规划原理》，中国旅游出版社 2002 年版。

吴承照：《黄山风景区旅游环境容量现状与调控》，《地域研究与开发》1993 年第 3 期。

吴静：《生态视野下的旅游规划环境评价研究》，南开大学出版社 2014 年版。

吴丽敏等：《旅游城镇化背景下古镇用地格局演变及其驱动机制——以周庄为例》，《地理研究》2015 年第 3 期。

吴良德、唐剑：《民族地区旅游城镇化的生态经济效应分析——以阿坝藏族羌族自治州为例》，《贵州民族研究》2017年第12期。

吴人韦：《旅游系统的结构与功能》，《城市规划汇刊》1999年第6期。

向萍、杜江：《旅游地极限容量探析》，《南开经济研究》1990年第2期。

肖忠东、赵西萍：《旅游目的地承载力研究》，《预测》2003年第1期。

熊鹰：《生态旅游承载力研究进展及其展望》，《经济地理》2013年第5期。

徐建华：《现代地理学中的数学方法》，高等教育出版社2002年版。

薛达元等：《长白山自然保护区生物多样性旅游价值评估研究》，《自然资源学报》1999年第2期。

薛莹：《城市旅游研究的核心问题——一个理论评述》，《旅游学刊》2004年第2期。

闫广华：《生态文明视角下的长白山生态旅游发展路径》，《环境保护》2013年第24期。

杨桂华、王跃华：《生态旅游保护性开发新思路》，《经济地理》2000年第1期。

杨慧、石丹：《生态旅游资源分区开发的案例研究——以吉林省为例》，《经济纵横》2017年第6期。

杨军：《旅游环境承载力的界定与拓展》，《咸阳师范学院学报》2005年第2期。

杨俊等：《城市边缘区生态脆弱性时空演变——以大连市甘井子区为例》，《生态学报》2018年第3期。

杨俊等：《基于CA模型的旅游小镇增长的时空模拟与应用——以河北三坡镇为例》，《地理研究》2013年第5期。

杨林泉、郭山：《基于模糊线性规划测度模型的旅游环境承载力实证分析》，《云南地理环境研究》2003年第3期。

杨琪：《生态旅游区的环境承载量分析与调控》，《林业调查规划》2003年第2期。

杨倩等：《基于多维状态空间法的漓江上游生态旅游承载力空间评

价及提升策略》，《北京大学学报》（自然科学版）2015 年第 1 期。

杨效忠、陆林：《旅游地生命周期研究的回顾和展望》，《人文地理》2004 年第 5 期。

杨友宝：《东北地区旅游地域系统演化的空间效应研究》，博士学位论文，东北师范大学，2016 年。

姚震寰：《吉林省城镇化发展对生态环境的影响分析》，《经济视角（下）》2013 年第 12 期。

尹新哲等：《森林公园旅游环境承载力评估——以重庆黄水国家森林公园为例》，《人文地理》2013 年第 2 期。

于洪雁：《中国旅游供需耦合协调特征与影响机制研究》，博士学位论文，东北师范大学，2018 年。

俞穆清等：《长白山国家级自然保护区旅游与环境可持续发展研究》，《地理科学》1999 年第 2 期。

曾辉：《遗产型景区旅游环境承载力研究》，硕士学位论文，西南大学，2015 年。

张春燕：《旅游产业与新型城镇化的耦合评价模型》，《统计与决策》2014 年第 14 期。

张广海：《旅游环境承载力研究进展》，《生态经济》2008 年第 5 期。

张建萍：《旅游环境保护学》，旅游教育出版社 2005 年版。

张健等：《象山港生态系统脆弱性及其评价体系构建》，《海洋学研究》2017 年第 2 期。

张俊霞等：《漓江流域森林生态旅游承载力三重矢量评价模型的构建》，《西北林学院学报》2013 年第 3 期。

张丽：《旅游黄金周景区拥挤度与游客体验影响因素研究》，硕士学位论文，广西师范大学，2008 年。

张丽娜：《乡村旅游生态化对新型城镇建设影响研究——以浙江省为例》，《中国农业资源与区划》2019 年第 9 期。

张文奎：《经济旅游地理》，山东科学技术出版社 1985 年版。

张学玲等：《区域生态环境脆弱性评价方法研究综述》，《生态学报》2018 年第 11 期。

张颖等：《基于成分法的北京鹫峰国家森林公园旅游生态足迹研究》，《中南林业科技大学学报》2017年第2期。

张悦等：《长白山北坡3个森林群落主要树种种间联结性》，《生态学报》2015年第1期。

章杰宽等：《国外旅游可持续发展研究进展述评》，《中国人口·资源与环境》2013年第4期。

章锦河等：《九寨沟旅游生态足迹与生态补偿分析》，《自然资源学报》2005年第5期。

赵红红：《苏州旅游环境容量问题初探》，《城市规划》1983年第3期。

赵焕臣等：《层次分析法在科技管理中的应用》，《科学学与科学技术管理》1985年第6期。

赵建强：《基于改进旅游生态足迹模型的生态系统旅游可持续发展能值评价研究》，《生态经济》2016年第11期。

赵西萍：《旅游目的地承载力研究》，《预测》2003年第1期。

赵赞、李丰生：《国内外生态旅游环境承载力相关研究综述》，《商业时代》2008年第5期。

郑云玉等：《生态旅游对太白山自然保护区的影响分析》，《安徽农业科学》2010年第14期。

钟家雨等：《旅游业与城镇化协同发展的区域差异分析》，《经济地理》2014年第2期。

钟林生、肖笃宁：《生态旅游及其规划与管理研究综述》，《生态学报》2000年第5期。

钟贤巍、辛本禄：《长白山旅游模式扩展及其原因分析》，《社会科学战线》2005年第5期。

周礼静：《北京陶然亭旅游目的地旅游环境承载力研究》，硕士学位论文，辽宁大学，2013年。

周丽君：《山地景区旅游安全风险评价与管理研究》，博士学位论文，东北师范大学，2012年。

周庆等：《旅游环境容量及环境承载率研究——以武汉市东湖风景区为例》，《工业安全与环保》2017年第1期。

朱佳玮:《基于环境价值的滨海旅游承载力评价研究》，博士学位论文，大连理工大学，2017 年。

朱启贵:《中国可持续发展评估指标体系论略》，《合肥联合大学学报》1999 年第 3 期。

英文文献

Alexis, Saveriads, "Establishing the social tourism carrying capacity for the tourist resorts of the east coast of the Republic of Cyprus", *Tourism Management*, No. 2, 2000.

Bishop A, Fullerton, Crawford A, *Carrying in Regional Environment Management Washington*, Govemment Printing Office, 1974.

Butler R, "The concept of a tourism area cycle of evolution: Implications for management of resources", *Canadian Geographer*, No. 1, 1980.

Coccossis H, *Tourism Development and Carrying Capacity in Apostolopoulos: Pacific and Mediterranean Experiences*, Caribbean: Island tourism and sustainable development, 2002.

Fennell D, Eagles P F J, "Ecotourism in Costa Rica: A conceptual frame work", *Joumal of Parks and Recreational Administration*, No. 1, 1989.

F Lawson, M Boyd-Bovy, *Tourism and Recreation Development-A Hand Book on Evaluation Tourism Resources*, Architectual Press, 1977.

Hall M, Boyd S, *Nature - based Tourism in Perirheral Areas: Development or Disaster?* Toronto: Channel View Publications, 2005.

Kampeng Lei, Zhishi Wang, "Emergy Synthesis of Tourism - Based Urban Ecosystem", *Journal of Environmental Management*, No. 4, 2008.

Kazanskaya, "Forests near Moscow as Territory of Mass Recreation and Tourism", *Urban Ecology*, No. 2, 2007.

Kerstetter D L, Bricker K S, *Relationship Between Carrying Capacity of Small Island Tourism Destinations and Quality - of - Life*, Berlin: Springer Netherlands, 2012.

Lime, G H Stankey, "Carrying Capacity, Maintaining Outdoor Recreation Quality", *Northeastern Forest Experiment Station Recreation Symposium Proceed-*

ings, No. 1, 1972.

Manning R, Lawson S, "Carrying capacity as: the values of science and the science of value", *Environmental Management*, No. 2, 2002.

Manning R, *Parks and Carrying Capacity: Commons without Tragedy*, Washington DC: Island Press, 2007.

Mathieson, Wall G, *Tourism: Economic, Physical and Social Impacts*, Harlow: Longman, 1982.

McIntyre G, "Sustainable Tourism Development: Guide for Local Planners", World Tourism Organization, No. 23, 1993.

Mieczkowski, Zbigniew, *Environmental Issues of Tourism and Recreation*, University Press of America, 1995.

O' Reilly A M, "Tourism Carrying Capacity_ Concepts and Issues", *Tourism Management*, No. 3, 1986.

Papageorgiou K, Brotherton I, "A Management Planning Frame Work Based on Ecological, Perceptual and Economic Carrying Capacity: the Case Study of Vikos-Aoos National Park", *Journal of Environmental Management*, No. 56, 1999.

Plog S C, "Why Destination Areas Rise and Fall in Popularity", *Cornell Hotel and Restaurant Administration Quarterly*, Vol. 42, No. 3, 2001.

Saveriades A, "Establishing the Social Tourism Carrying Capacity for the Tourists Resoris of the East Coast of the Republic of Cyprus", *Tourism Management*, No. 21, 2000.

SeidlI, Tisdell C A, "Carrying capacity reconsidered: From Malthus' population theory to cultural carrying capacity", *Ecological Economics*, No. 31, 1999.

Simon F J G, Narangajavana Y, Marques D P, "Carrying Capacity in the Tourism Industry: a case Study of Hengistbury Head", *Tourism Management*, No. 2, 2004.

StevenR Lawson, Robert E, Manning W A et al, "Proactive Monitoring and Adaptive Management of Social Carrying Capacity in Arches National Park: an Application of Computer Simulation Modeling", *Journal of Environ-*

mental Management, No. 3, 2003.

Tony Prato, "Modeling Carrying Capacity for National Parks", *Ecological Economics*, No. 3, 2001.

Ulrich Gunter, "International Ecotourism and Economic Development in Central America and the Caribbean", *Journal of Sustainable Tourism*, No. 1, 2017.

Wager, J Alan, *The Carrying Capacity of Wild Lands for Recreation*, Washington, DC: Society of American Foresters, 1964.

Wallg, Wright C, *The Environmental Impact of Outdoor Recreation*, Waterloo: University of Waterloo, 1997.

WTO/UNEP, *Guidelines: Development of National Parks and Protected Areas for Tourism*, Madrid: World Tourism Organization, 2002.

后　记

本书是国家自然科学基金项目“吉林省长白山自然保护区旅游环境承载力研究”和“东北振兴空间过程及综合效应研究”的阶段性研究成果，是笔者在王士君教授的指导下首次围绕长白山自然保护区旅游环境承载力进行的研究。

在研究思路上，以旅游环境承载力相关理论作为参考依据，首先，在对概念进行界定，对基本理念进行分析的基础上，对旅游环境承载力的研究方法和实证研究成果进行系统梳理和评价，奠定了理论基础。其次，从景区的自然环境承载、旅游经济环境、管理体制和旅游城镇化建设四个维度探讨了长白山北景区旅游环境中存在问题，为旅游环境承载力研究奠定了基础。再次，从旅游环境承载力的内涵与特性入手，利用旅游系统论、人地关系理论、可持续发展、生态脆弱性理论、旅游生命周期理等理论，从供给—需求双重维度，通过问卷调查法和专家咨询法，从生态环境承载力、经济环境承载力、社会环境承载力和心理承载力四个方面提取20个指标构成长白山北景区旅游环境承载力评价指标体系，对长白山北景区旅游环境承载力进行评价。最后，在定性分析和定量研究的基础上，通过分析长白山北景区的旅游环境现状与该景区现阶段发展过程中的存在的问题，根据景区环境承载力评估数据，制定解决该景区环境承载力问题的具体措施，旨在促进景区的可持续发展。

在本书完成之际感慨万千，我要感谢我的恩师王士君教授，在我求学之路上给予了重要的指导和帮助。此外，感谢曾经给予我诸多关怀和无私帮助的师长、朋友以及同事，他们是陈才教授、刘继生教授、杨青山教授、修春亮教授、梅林教授、房艳刚教授、李秀霞教授、宋飏博士、冯章献博士、王永超博士、浩飞龙博士、关浩明博士、林慧颖博士、盛亚军博士、孟祥君博士、焦连成博士。

最后，要感谢中国社会科学出版社的编校人员，在他们的认真审校和热心帮助下，本书得以顺利出版，但由于本书仅是作者对长白山北景区旅游环境承载力的尝试性研究，书中难免存在一些疏漏和错误，恳请各位专家学者批评指正。